ULRIKE SEUMEL

MIT KOSMOS MEHR ENTDECKEN
Fair, respektvoll und tierschutzgerecht
SEIT 1822

MARKER — TRAINING für Hunde

Auf Augenhöhe zum glücklichen und kooperativen Hund

KOSMOS

INHALT

Zu diesem Buch – meine Geschichte

PACO UND DIE ANGST

2010 war kein gutes Jahr. Mein Hund Paco wollte jeden Tag weniger die Wohnung verlassen. Wenn ich ihn schließlich ins Auto bekommen hatte, fuhren wir weit aus der Stadt heraus – und er hatte trotzdem Angst, weil sich zwei Radfahrer laut unterhielten. Pacos Geräuschangst war so stark, dass ihn jede Stimme ängstigte. Was haben mich Menschen genervt, die auch dort unterwegs waren, wo wir Gassi gehen wollten! Eine Weile habe ich mir eingeredet, dass es mit der Zeit besser würde – leider wurde es das nicht.

Ich bekam vermehrt den Rat, dass ich Pacos Angst unbedingt ignorieren sollte. Ich sollte ihn nicht belohnen, nicht ansehen, nicht mit ihm sprechen, ihn nicht berühren, wenn er Angst hatte. Aber einfach nichts tun und darauf warten, dass er sich daran gewöhnt? Das war hart und brach mir das Herz. Es fiel mir schwer, einfach nichts zu tun. Also versuchte ich, mehr über Geräuschangst und Hundetraining zu lernen. Ich besuchte meine ersten Seminare mit Paco, las pro Woche mindestens zwei Hundebücher und ging mit Paco zu einer Hundetrainerin. Doch viel veränderte sich nicht. Paco hatte weiterhin Angst und wollte entweder ins Auto oder nach Hause. Ich bekam den Eindruck, dass wir immer zur falschen Zeit am falschen Ort waren. Warum knallt es immer da, wo wir sind? Warum vertraut mir Paco so wenig? Warum orientiert er sich nicht an mir? All diese Fragen stellte ich mir und fühlte mich oft wie eine Vollidiotin.

DIE VERÄNDERUNG

Doch 2011 sollte sich einiges verändern. Im Frühjahr 2011 besuchte ich ein Seminar bei Maria Hense. Ich war mir zu dem Zeitpunkt schon sicher, dass es keine gute Idee ist, Angst zu ignorieren. Also versuchte ich, Paco in den jeweiligen Situationen zu unterstützen. Aber das Clickertraining half nicht, weil er auch davor Angst hatte. Der Clicker war zu laut, und die alten Holzdielen in meiner Altbauwohnung sorgten zusätzlich für einen furchterregenden Hall. Deshalb stieg ich schnell auf ein Markerwort um. Maria Hense bestärkte mich darin, so weiterzumachen und nicht aufzugeben.
Ein paar Monate später war mein erstes Seminarwochenende mit Dr. Ute Blaschke-Berthold. Es war ein zweitägiges Seminar zum Training und zur Motivation für spezielle Hunde, mit einem Vortrag zum Thema Körpersprache. Dabei gingen mir sprichwörtlich viele Lichter auf. Alles schien plötzlich so logisch und klar zu sein: Eine Emotion wie Angst verstärke ich nicht, wenn ich in diesem Moment bei meinem Hund eine positive Emotion auslöse. Also konnte ich alles nutzen, was Paco ängstigt, damit es ihm besser geht. Die Co-Trainerin Anne Rosengrün, die heute neben ihrer Hundeschule und ihrem Gassiservice Dogwalker ausbildet, bestätigte mir, dass mein positives Markersignal, also mein Markerwort, perfekt wären, um Paco in Angstsituationen zu helfen. Das positive Markersignal wurde in so vielen Momenten mit einer Belohnung verknüpft und gab ihm Sicherheit, sodass wir es auch zur Gegenkonditionierung der Angst nutzen konnten. Es war nur wichtig, dass ich es genau so in entspannten und sicheren Situationen anwendete. Ich probierte es, konnte aber an diesem Wochenende nicht feststellen, dass es Paco half. Ich machte trotzdem weiter. Bei jedem plötzlichen oder lauten Geräusch sagte ich sofort mein Markerwort und bot Paco etwas Schönes an. Wenn er kein Futter wollte, lobte ich ihn nur mit meiner Stimme. Und nach nur zwei Wochen änderte sich etwas. Paco wurde ansprechbarer, wenn er Angst hatte, und auf einige Geräusche reagierte er plötzlich nicht mehr panisch. Wenn mir in der Wohnung etwas auf den Boden fiel, stand er da und schaute mich mit wachen Augen an. Er wollte gern ein Leckerli. Ich konnte es kaum fassen: Manche Geräusche waren jetzt ein Auslöser für freudige Erwartung auf Futter? Da wusste ich, dass ein positives Markersignal sehr viel mehr ist und nicht nur im Tricktraining eingesetzt werden sollte. Ich begriff schnell, dass klassisches Clickertraining zu wenig ist. Deshalb begann ich auch, mit meinen zwei Katzen mit positiven Markersignalen zu trainieren. Ich baute mit ihnen einen Fingertouch auf, damit ich sie zu mir rufen konnte. Innerhalb kürzester Zeit lernten sie, auf das Signal „Touch“ meinen Finger mit ihrer Nase zu berühren. Außerdem probierte ich, ob meine Katzen lernen konnten, Tabletten zu essen. Denn auch wenn diese in Leberwurst versteckt sind, hassen Katzen die Gabe von Tabletten. Nach drei Tagen fraßen meine beiden Katzen Tabletten und fanden es lustig. Das war verrückt.

»Der einzige Ort im gesamten Universum, den du verändern kannst, ist dein Geist.«

Aldous Huxley

Ein dominanter Hund? Nein, Hund und Mensch, die gemeinsam Spaß haben.

MARKERSIGNALE – EINE LEBENSEINSTELLUNG

Ich schreibe dieses Buch, um dir einen Einblick in den Alltag und das Training mit Markersignalen zu geben. Für mich ist der Umgang mit meinen Hunden keine Show, die ich nur für ein paar Minuten im Training zeige, sondern eine Lebenseinstellung. Ich möchte, dass es meinen Hunden gut geht. Ich möchte, dass sie mir vertrauen. Ich möchte, dass sie gut in meiner Welt zurechtkommen – und dabei trotzdem Hund sein dürfen. Das alles unter einen Hut zu bringen, ist manchmal ein Spagat. Dafür gebe ich jeden Tag so viel, wie ich kann, damit für uns alles klappt. Schließlich lebe ich nicht für meine Hunde, sondern für mich selbst. Meine Hunde haben in meinem Leben aber einen sehr großen Platz, den ich ihnen so bequem wie möglich gestalten möchte.

Durch den Einsatz positiver Markersignale durfte ich lernen, was es wirklich bedeutet, sich auf das gute Verhalten von Hunden zu konzentrieren. Es hat meine Wahrnehmung verändert. Zwischen unseren Gedanken und unseren Gefühlen besteht eine direkte Verbindung. Denke ich als Mensch daran, wie schrecklich meine Hunde sich heute wieder in der Hundebegegnung benommen haben, geht es mir schlecht. Ich bin dann wieder genauso traurig, wütend, frustriert oder verzweifelt wie in dieser Hundebegegnung. Das funktioniert umgekehrt ebenso: Bin ich ängstlich, wütend oder frustriert, fallen mir sofort die unschönen Hundebegegnungen, die schlechte Leinenführigkeit und der flüchtende Hund ein. Für angenehme Gefühle und gute Ereignisse gilt das ebenfalls. Belohne deshalb deinen Hund für positives Verhalten.

Freundliches Verhalten auszutauschen, stärkt die Bindung. Deinen Hund zu belohnen, ist so ein freundliches Verhalten.

Je öfter du das in deinem Alltag und Training mit deinem Hund umsetzt, umso mehr gutes Verhalten wird dein Hund zeigen. Es erscheint wie Zauberei, ist aber keine. Wenn du davon ausgehst, dass dein Hund einen anderen Hund grundsätzlich anbellt und sich wie verrückt aufführt, wirst du nur darauf warten. Deine Annahme wird somit bestätigt, schließlich hast du unbewusst nur darauf gewartet. Gehst du aber davon aus, dass du deinem Hund helfen kannst und dass er sein Bestes geben wird, wirst du wahrscheinlich genau einen Moment erwischen, in dem dein Hund ein gutes Verhalten zeigt – und du wirst ihm helfen. Damit gibst du deinem Hund die Chance, eine neue Strategie zu erlernen, wenn er keinen Kontakt zum anderen Hund möchte.
Mit Ascii, unserem zweiten Hund, habe ich gelernt, dass das möglich ist. Ascii ist ein Belgischer-Schäferhund-Mix und hat gelernt, dass er sich Menschen vom Leib halten kann, wenn er ihren Arm packt. Außerdem rannte er gern auf andere Hunde zu, versuchte, sie zu Boden zu drücken, und verletzte sie schlimmstenfalls. Dann kam er zu uns. Eigentlich

»Jeder Fehler hat eine Lehre eingebaut.«

Vera F. Birkenbihl

sollte er nur zur Pflege bleiben, fand aber schließlich bei uns sein Zuhause. Heute ist Ascii ein anderer Hund. Er kann mit uns an Hunden vorbeigehen, die er nicht mag. Er kann mit Hunden Kontakt aufnehmen, an denen er Interesse hat – und das, ohne sie umzurennen. Er lässt sich gern von Menschen streicheln und ist der Erste, der neben unserem Besuch auf der Couch liegt. Falls er einen Menschen nicht mag, geht er auf Distanz oder kommt direkt zu uns.

Wir haben ihn nicht geheilt. Die Strategie, aggressiv zu reagieren, bleibt immer eine Option. Sie hat sich für Ascii über mehrere Jahre bewährt, und ein Gehirn löscht nichts einfach so. Wir konnten ihm aber eine neue Strategie zeigen, die für ihn auch erfolgreich funktioniert. Zusätzlich konnten wir Asciis emotionale Bewertung fremder Menschen und Hunde verändern.

GRENZEN DES MARKERTRAININGS

Ich würde gern sagen, dass das Training mit Markersignalen keine Grenzen hat, aber das kann ich nicht. Wenn ich mit Menschen spreche, die gern in unser persönliches Kompakttraining in Potsdam kommen möchten, erkläre ich es ihnen so: Du kannst alles mit deinem Hund erreichen. Wenn dein Hund aber gesundheitliche Probleme hat, wird das Training euch nur ein Stück weiterbringen. Das gilt aber für jede Trainingsmethode.

Die nächste Hürde sind wir Menschen selbst. Manchmal erscheint uns etwas überaus wichtig, und wir wollen es unbedingt. Wir sind aber nicht bereit, unsere Energie und Zeit wirklich zu investieren. Natürlich besteht unser Leben nicht nur aus Hundehaltung. Allerdings braucht es manchmal kein Training, sondern eine Entscheidung. Ich habe mich vor circa zwei Jahren entschieden, dass ich mit Paco nicht mehr am Alleinbleiben trainiere und stattdessen eine Hundesitterin besorge. Paco fällt es schwer, allein zu sein, und immer, wenn er wieder eine Phase hatte, in der es ihm gesundheitlich schlecht ging, konnte er gar nicht mehr allein bleiben. Ich habe mich deshalb für eine Hundesitterin entschieden, die auf ihn aufpasst, wenn niemand da ist. Das ist momentan die beste Lösung für uns. Vielleicht ändere ich meine Meinung irgendwann und starte erneut mit dem Training.

Du entscheidest, woran du mit deinem Hund trainierst und wie du es machst.

Manchmal bekommen mein Team und ich E-Mails oder Kommentare mit der Aussage: „Aber mein Hund reagiert nicht auf dieses Wort. Es funktioniert nicht." Natürlich wird dein Hund nicht wie durch Zauberhand auf irgendein Wort reagieren. Meine Hunde sind nicht auf die Welt gekommen und haben selbstverständlich auf mein Rückrufsignal gehört. Nur weil du dasselbe Wort als Signal nutzt, wird es nicht klappen. Dahinter steckt immer ein Trainingsprozess. Dahinter steckt ein Mensch, der seinem Hund ein Verhalten beigebracht und ihn motiviert hat, mitzumachen. Dahinter steckt ein Hund, der ein neues Verhalten erlernt und es mit einem Signal oder Kommando verknüpft.

Besonders bei schwierigen Ablenkungen, den Endgegnern im Training, wird dein Hund nur auf dich reagieren können, wenn du in kleinen Schritten vorgegangen bist – und wenn du weißt, wie dein Hund lernt und was Verhalten bei Hunden beeinflusst.

Markersignale helfen deinem Hund und dir in jeder Lebenslage. Um ein Profi zu werden, braucht ihr nur etwas Übung.

ÜBEN UND NOCHMALS ÜBEN

Beim Spielen eines Musikinstruments ist uns sofort klar, dass wir nur durch Üben richtig gut darin werden. Natürlich gibt es Ausnahmetalente, aber auch sie üben, üben und üben, bis sie Meister*innen werden. Im Hundetraining und besonders im Umgang mit Markersignalen erwarten wir aber immer, dass es sofort funktioniert. Ich habe das früher auch gedacht. Entweder bin ich die Hundeflüsterin oder eben nicht. Das ist völliger Quatsch. Dein Hund und du, ihr werdet immer besser, wenn ihr gemeinsam trainiert. Dabei meine ich mit Training kein zehnminütiges hochkonzentriertes Tricktraining im Wohnzimmer, sondern euren Alltag. Dein Hund lernt jede Sekunde etwas – und du auch. Nutz dieses Buch, um den alltäglichen Umgang mit deinem Hund zu überdenken und deine Fähigkeiten im Training mit ihm auszubauen. Dazu gehört es immer, Fehler zu machen oder Situationen falsch einzuschätzen. Das ist in Ordnung. Du darfst dich über dich selbst und auch über deinen Hund ärgern. Dafür überlegst du dir aber, was du beim nächsten Mal verändern kannst.

»Loslassen bedeutet nicht, etwas zu vergessen. Es öffnet deine Augen für das Gute, das aus dem Schlechten gewachsen ist.«

Emily Henry

MEIN RAT ZUM LESEN DIESES BUCHES

Ich empfehle dir, dieses Buch in seiner chronologischen Reihenfolge zu lesen. Vielleicht wirst du manches schon kennen. Vielleicht willst du das jeweilige Kapitel überspringen oder schnell weiterblättern.
Woher ich das weiß? Ich denke das auch oft. Ich habe aber gemerkt, dass ich dadurch sehr viel verpasse – vor allem neue Erkenntnisse. Deshalb versuche ich, diesen Gedanken nicht mehr so häufig zuzulassen. Ich lese mir Bücher immer mehrmals durch, höre mir Vorträge mehrfach an und besuche manche Seminare mehr als nur einmal – und ich schwöre dir, dass ich jedes Mal etwas Neues mitnehme. Plötzlich gibt es in den Büchern Informationen, die vorher nicht da waren.

Plötzlich höre ich im Vortrag oder Seminar etwas, das ich vorher nicht gehört habe. Alles, was du wahrnimmst, filtert dein Gehirn aufgrund deiner aktuellen Erfahrung, deiner aktuellen Stimmung, deiner aktuellen Ziele und vieler anderer Faktoren. Weil wir grundsätzlich niemals alles wahrnehmen können, lohnen sich mehrfache Durchgänge. Du kannst gern Teile dieses Buches überspringen, oder du beobachtest, welche neuen Erkenntnisse du heute mitnehmen kannst. Wahrscheinlich willst du jetzt sofort mit der Praxis loslegen. Nur rate ich dir, die Theorie nicht wegzulassen. Sie ist das Fundament, ohne das du im Umgang mit deinem Hund schnell an Grenzen stößt. Das, was ich dir an Praxis mitgebe, mag nur ein kleiner Ausschnitt aller Möglichkeiten sein, die du im Training mit positiven Markersignalen hast. Trotzdem ist es alles, was du für das Leben mit deinem Hund brauchst. Mit der Theorie im Hinterkopf kannst du mehr ausprobieren und entdecken. Du wirst viel schneller verstehen, wie andere Trainingsmethoden funktionieren und welche Ansätze sich dahinter verbergen. Du kannst besser entscheiden, ob Trainingsmethoden zu dir und deinem Hund passen – und ob du sie wirklich einsetzen möchtest. Deshalb möchte ich dich besonders um eine Sache bitten: Lies dieses Buch aufmerksam und nimm das mit, was für deinen Hund und dich passt!

»Ein Hund wird sich nur dort wohlfühlen, wo die Menschen zufrieden mit ihm sind.«

Dr. Ute Blaschke-Berthold

Mit meinen Hunden Paco und Ascii trainiere ich schon seit vielen Jahren mit Markersignalen.

WAS DU ÜBER MARKER-TRAINING WISSEN MUSST

CLICKER ODER MARKERWORT

Du kannst selbst entscheiden, was dir lieber ist. Ich nutze am liebsten ein Markerwort.

Das Markersignal

Damit kommunizierst du mit deinem Hund punktgenau und schaffst endlich eine gemeinsame Sprache, die ihr, du und dein Hund, versteht.

Das Wort „Markersignal" verrät es schon: Du markierst etwas. Du hebst einen kurzen Moment im Verhalten deines Hundes hervor und zeigst ihm, dass dieser Teil seines Verhaltens wichtig war.
Allgemein unterscheiden wir primäre und sekundäre Verstärker: Ein **primärer Verstärker** ist eine Belohnung, die das aktuelle Bedürfnis des Hundes direkt befriedigt. Hat er Hunger, ist der primäre Verstärker eine Futterbelohnung.
Ein Markersignal ist ein **sekundärer Verstärker**. Dieser kündigt dem Hund einen primären Verstärker an. Der Hund weiß, was er nach dem Markersignal zu erwarten hat. In Verbindung mit einem primären Verstärker entsteht so eine Brücke zwischen dem Verhalten des Hundes und der Belohnung (oder Strafe).

MARKERSIGNALE IM EINSATZ

Durch den Einsatz von Markersignalen hat sich im Training mit Tieren viel verändert, da präziser gearbeitet werden kann. Auch die Menschen wurden im Training besser, da sie bewusster mit einem Markersignal umgehen. Vielleicht denkst du jetzt, dass du kein Markersignal nutzt und auch keins brauchst. Dabei nutzt du es unbewusst schon. Es gibt immer etwas, womit du Belohnungen für deinen Hund ankündigst: Der Klassiker ist die raschelnde Tüte und der Griff in die Futtertasche. Wahrscheinlich kennst du den Gesichtsausdruck deines Hundes, wenn er dieses Geräusch hört. Dieses Geräusch kündigt ihm zuverlässig eine Futterbelohnung an und ist deshalb für deinen Hund ein positives Markersignal. **Ein positives Markersignal ist ein positiv konditionierter**

1

Verstärker, während das negative Markersignal ein negativ konditionierter Verstärker ist. Mehr dazu findest du im nächsten Abschnitt „Lerntheorie". Setzt du ein (positives) Markersignal unbewusst ein, ist dein Timing eher schlecht. Du könntest mit deinem Hund viel besser kommunizieren, wenn du dich bewusst für ein Markersignal entscheidest. So kannst du Verhalten punktgenau markieren und mehr Zeit gewinnen, um deinen Hund zu belohnen. Ohne Markersignal müsstest du das Futter oder andere Belohnungen immer in der Hand halten, um den perfekten Moment genau zu belohnen.
Im Haus meiner Eltern ist beispielsweise das Öffnen der Kühlschranktür ein positives Markersignal für meine Hunde. Das Geräusch kündigt ihnen zuverlässig den Zugang zu primären Verstärkern wie Geflügelfrikadellen und Ziegenkäse an. Meine Eltern erzählen mir immer wieder, dass beide Hunde sofort in die Küche kommen und sich neben den Kühlschrank stellen, wenn dieser geöffnet wird. Bei uns zu Hause öffnen beide Hunde nicht einmal ihre Augen, wenn wir den Kühlschrank öffnen, denn dieses Geräusch kündigt ihnen nichts an. Da ein Kühlschrank für den Alltag eher unpraktisch ist, gibt es andere Möglichkeiten, ein Markersignal bewusst aufzubauen und zu nutzen.

2

1. Du kannst das Verhalten deines Hundes punktgenau bestätigen.

2. Ob im Tricktraining oder im Alltag, spielt dabei keine Rolle.

Lerntheorie

Um deinen Hund zu verstehen und entspannt mit ihm durchs Leben zu gehen, solltest du wissen, wie er lernt und wie Verhalten entsteht.

Hat dein Hund etwas gelernt, wird er sein Verhalten dauerhaft ändern. Er passt sich damit der Umwelt und seinen Erfahrungen an. Dein Hund ändert sein Verhalten nicht, weil er weiß, was richtig und falsch ist. Kategorien wie Ethik, Moral und Werte haben Hunde nicht. Genau deshalb ist es wichtig, dass du dich damit beschäftigst, wie dein Hund lernt und was sein Verhalten beeinflusst. Mit diesem Wissen kannst du **fair** und **freundlich** mit deinem Hund trainieren. Du erkennst, was ihm wann möglich ist, und weißt, wie du ihn unterstützen kannst. Es gibt viele verschiedene Lernarten, die sich in der Praxis vermischen und nicht immer klar zu unterscheiden sind. Ich beschränke michhier auf zwei Lernarten, die sehr wichtig sind und die du gezielt einsetzt, wenn du mit Markersignalen arbeitest. Du nutzt sie schon jetzt jeden Tag. Mehr über Lerntheorie und verschiedene Lernarten findest du in dem Buch „So lernt mein Hund – Der Schlüssel für die erfolgreiche Erziehung und Ausbildung“ von Sabine Winkler.

Lernen darf und soll Spaß machen. Futter als Belohnung macht viele Hunde glücklich.

1

2

3

1. Belohnungen sind für deinen Hund mehr als nur Futter.

2. Dein Hund wartet im Sitz und möchte hinaus.

3. Dann ist die Belohnung das Öffnen der Tür und das Hinausgehen.

VERSUCH & IRRTUM

Diese Mechanismen des Lernens wurden am Ende des 19. Jahrhunderts von Edward Lee Thorndike erforscht und unter anderem von Burrhus Frederic Skinner fortgeführt. Durch Ausprobieren lernt das Lebewesen, welche Verhaltensweisen erfolgreich sind und welche nicht. In der Wissenschaft wird diese Form des Lernens als **„Operante Konditionierung“** (oder auch **„Instrumentelle Konditionierung“**) bezeichnet.
Thorndike entwickelte aus seiner Forschung das Gesetz der Auswirkung (law of effect). Dieses besagt, dass der Hund durch die Konsequenzen lernt, die sein Verhalten für ihn haben. Funktioniert eine Strategie für ihn und hat er damit Erfolg, wird er diese Strategie mit großer Wahrscheinlichkeit in der Zukunft wieder einsetzen. Erfährt der Hund einen Misserfolg und folgt nach seinem Verhalten etwas Unangenehmes, wird er die Strategie in Zukunft lieber lassen oder seltener nutzen.

Thorndike hat außerdem zwei weitere wichtige Gesetzmäßigkeiten des Lernens formuliert:

1 Gesetz der Übung (law of exercise) Immer wenn dein Hund ein Verhalten ausführt, wird es gefestigt. Wiederholungen sind wichtig, damit der Hund das Verhalten lernen kann. Das bedeutet, dass du deinem Hund die Gelegenheit geben solltest, das Verhalten zu wiederholen. Dein Hund lernt so aber auch Verhaltensweisen besser, die du nicht gern siehst. Deshalb solltest du deinen Hund im Alltag so unterstützen, damit er sich so verhält, wie du es dir wünschst – zumindest wenn es um problematische Verhaltensweisen geht. Dabei solltest du nicht darauf warten, bis dein Hund so ein Verhalten zeigt. Mit Management kannst du unerwünschtes Verhalten vermeiden.

2 Gesetz der Bereitschaft (law of readiness) Die Bereitschaft zum Lernen muss vorhanden sein. Laut

Thorndike hat das Säugetier das Bedürfnis, einen angenehmen Zustand herzustellen oder einen unangenehmen Zustand zu vermeiden – dein Hund braucht einen Anreiz zum Handeln. Nach jedem Verhalten, das dein Hund zeigt, folgt eine Konsequenz. Damit ist nicht dein hartes und stetiges Durchgreifen gemeint, sondern das, was nach dem Verhalten deines Hundes passiert und bei ihm eine emotionale Reaktion hervorruft. Die Konsequenz kann deinen Hund in einen guten oder schlechten emotionalen Zustand versetzen. Passiert nichts davon, dann ist es keine Konsequenz, die Einfluss auf deinen Hund hat.

KONSEQUENZEN

Bei der operanten Konsequenz lernt dein Hund durch Belohnung oder Strafe.

1. Eine **Belohnung** (oder genauer gesagt ein Verstärker) führt dazu, dass dein Hund sein Verhalten in Zukunft öfter, intensiver oder länger zeigt.
2. **Strafe** sorgt hingegen dafür, dass dein Hund sein Verhalten in Zukunft seltener oder in abgeschwächter Form zeigt.

Da der Hund darüber entscheidet, ob eine von dir gedachte Belohnung auch wirklich eine für ihn ist (siehe Kasten),

Ob es sich um eine Belohnung oder eine Strafe handelt, entscheidet immer der Hund. Auch wenn du es gut meinst, könnte der Hund deine vermeintliche Belohnung als unangenehm bewerten.

Nicht jeder Hund ist immer in Kuschelstimmung. Hat dein Hund keine Lust darauf, dann ist es keine Belohnung.

ist es wichtig, dass du dich mit der Körpersprache deines Hundes befasst und überlegst, was er angenehm und unangenehm findet.
Eine meiner Kundinnen wollte vor vielen Jahren mit ihrem Hund ein „Sitz" trainieren, bei dem der Hund direkt vor ihr saß. Das klappte erst gut, aber nach wenigen Tagen schaute der Hund sie nur noch an und wollte sich nicht mehr hinsetzen. Was war passiert? Meine Kundin wollte den Hund für das „Sitz" belohnen, nur kam ihre Belohnung bei ihrem Hund nicht gut an. Sie beugte sich frontal über ihn, um ihn zu streicheln. Für den Hund war das sehr unangenehm. Zu Hause klappte das Streicheln, aber im Wald und mit einer für ihn bedrohlichen Körpersprache ließ er sich nicht anfassen. Wir haben dann gemeinsam das „Sitz" neu aufgebaut und andere Belohnungen genutzt, die der Hund mochte. Streicheln als Belohnung kam nur noch infrage, wenn sich die Frau dabei neben ihn setzte.

Du solltest dir außerdem darüber klar werden, dass dein Hund nicht unter Laborbedingungen lebt und sich in einer für ihn interessanten Umwelt bewegt. Die Theorie lässt sich schlechter umsetzen, weil wir in unserem Leben kaum Kontrolle haben. Thorndike und Skinner konnten ihre Versuche kontrollieren, und es gab keine Umwelt, die den Tieren die Möglichkeit gab, sich ihre Belohnungen selbst zu suchen. Deshalb bleib möglichst gelassen, wenn nicht immer alles so läuft, wie du es geplant hast. Sieh es lieber als Möglichkeit, noch mehr über deinen Hund, sein Lernverhalten und über Hundetraining zu lernen. Schließlich handelt es sich hierbei um ein Modell, das dir hilft, den Lernvorgang deines Hundes besser zu verstehen. In der Praxis ist nicht immer eindeutig, welche Konsequenzen auf den Hund wirken, da im Endeffekt immer das Hundegehirn entscheidet. Welche Emotion bei deinem Hund ausgelöst wird, kannst du oft, aber nicht immer erkennen.

1. Ein gutes Timing beim Aufbau von Verhalten ist wichtig.

2. Ein Markersignal verhilft dir genau dazu.

1

2

Beim Zergeln können Hunde Spaß haben, aber auch Dampf ablassen.

Verstärkung

Wenn dein Hund lernen soll, ein Verhalten länger, intensiver, öfter oder einfach überhaupt noch einmal zu zeigen, ist Verstärkung absolut notwendig – selbst wenn du deinem Hund vielleicht nur ein Verhalten abgewöhnen willst. Bei deinem Hund wird nie ein „schwarzes Loch" entstehen, wenn du ein Verhalten bei ihm abstellen kannst. Zeigt er etwas nicht mehr, ersetzt er sein Verhalten durch ein anderes.
Begrüßt dich dein Hund, wenn du von der Arbeit nach Hause kommst? Wenn er dich anspringt und dabei ein Loch in deine Hose reißt, wirst du sein Verhalten vielleicht ändern wollen. Schaffst du es irgendwie, dass dein Hund das Anspringen lässt, wird er dich immer noch begrüßen wollen (außer du hast ihn zu stark geängstigt, deshalb rate ich immer von Strafe, dem Gegenteil von Belohnung/Verstärkung, ab). Dazu braucht er ein neues Verhalten, das er sich sofort suchen wird. Er wartet nicht ab, bis du dir etwas für ihn überlegt hast. Ist seine neue Strategie ab jetzt ein dauerhaftes Bellen, bist du vielleicht auch nicht glücklich. Deshalb solltest du dich mit dem Thema Verstärkung auseinandersetzen, und genau dafür brauchst du auch ein Markersignal.

Positive Verstärkung

Bei der positiven Verstärkung folgt nach dem Verhalten des Hundes etwas, das er angenehm findet. Das können Futter, Spiel, Aufmerksamkeit, Körperkontakt, das Laufen, die Leine oder Ähnliches sein. Beim Hund wird als Emotion Freude oder ein anderer angenehmer Gefühlszustand ausgelöst. Der Hund fühlt sich sicher und macht die Erfahrung, dass es ihm gut geht, nachdem er ein bestimmtes Verhalten gezeigt hat. Wenn dein Hund sich auf das Signal „Sitz" hinsetzt und du ihm direkt danach ein Leckerli gibst, verstärkst du die Reaktion des Hundes auf das Signal „Sitz". Dein Hund wird es beim nächsten Mal wahrscheinlich wieder ausführen können, zumindest wenn er das Leckerli wirklich mochte.

ES GIBT ZWEI ARTEN VON VERSTÄRKUNG

- **Positive Verstärkung** = etwas Angenehmes hinzufügen (angenehme, befriedigende Belohnung)
- **Negative Verstärkung** = etwas Unangenehmes entfernen (erleichternde Belohnung)

Negativ und positiv werden in der Lerntheorie als reine mathematische Begriffe genutzt und sorgen schnell für Verwirrung. Dabei sind sie nicht wertend gemeint. Bei „positiv" kommt etwas hinzu oder beginnt, und bei „negativ" verschwindet etwas oder hört auf.

Negative Verstärkung

Bei der negativen Verstärkung hört etwas für den Hund Unangenehmes auf. Das sorgt beim Hund für Erleichterung und führt dazu, dass Verhalten verstärkt wird. Man kann also von einer erleichternden Belohnung sprechen. Die Erleichterung fühlt sich für deinen Hund zwar gut an, setzt aber voraus, dass es deinem Hund vorher schlecht ging, er Schmerzen hatte oder etwas unangenehm für ihn war. Du kennst sicher die Methode, einen Hund ins Sitzen zu drücken. Dabei wird Druck auf die Kuppe des Hundes ausgeübt, wenn er sich hinsetzen soll. Setzt der Hund sich dann hin, wird die Hand von der Kuppe entfernt, und der Druck hört auf. So lernt der Hund auf eine unangenehme Art, dass er sich beim Kommando „Sitz" hinsetzen soll – und der Hund wird sogar belohnt, nämlich indem das Drücken auf die Kuppe irgendwann aufhört oder gar nicht auftritt. Negative Verstärkung hat den Nachteil, dass ich den Hund erst in einen unangenehmen Zustand bringen muss. Das wollen wir nicht. Deshalb solltest du immer auf positive Verstärkung setzen.

Wenn du aber mit deinem Hund in eine Situation kommst, die ihm unangenehm ist und die du nicht vermeiden kannst, solltest du wissen, wie negative Verstärkung wirkt. Bei Leinen-

Der Klassiker: „Endlich habe ich mit meinem Bellen den Postboten in die Flucht geschlagen!"

aggression kann sie beispielsweise eine Rolle spielen: Wenn dein Hund sich mit Kraft in die Leine wirft und dabei bellt, geht der andere Hund weiter. Endlich ist der Erzfeind weg! Das fühlt sich so erleichternd an! Der andere Hund geht wahrscheinlich zufällig weiter oder weil sein*e Halter*in das so will, aber deinem Hund ist das gleichgültig. Er lernt, dass sich die Strategie „In die Leine werfen und bellen" lohnt und dass sich Erleichterung einstellt.
Auch bei tierärztlichen Behandlungen und Medical Training, die dem Hund unangenehm sind, wird oft mit negativer Verstärkung gearbeitet. Dabei sind ein kleinschrittiges Vorgehen und Hundehalter*innen, die wissen, was sie tun und wie negative Verstärkung funktioniert, viel entscheidender.

Strafe

Ich werde dir hier keine Anleitung geben, wie du deinen Hund bestrafen kannst. Denn mit Strafe sorgst du bei ihm für Angst, Schmerz, Frustration und natürlich Stress. Die meisten Hunde, die ich kenne, erleben diese Gefühle und Stress ohnehin. Das ist auch in Ordnung, aber ich möchte nicht, dass du für deinen Hund zur Quelle dieser Emotionen wirst. In der Theorie klingt es fantastisch, ein Verhalten beim Hund abzustellen oder zu schwächen, funktioniert aber meist nicht. Würde Strafe so effektiv funktionieren, wie es theoretisch klingt, wäre das Internet nicht mit Beiträgen überfüllt, in denen Hundehalter*innen fragen, wie sie Verhalten bei ihren Hunden verändern können. Denn um Strafe effektiv und vor allem ohne Nebenwirkungen einzusetzen, brauchst du nicht nur ein überragend gutes Timing, die passende Intensität der Strafe und Hundehalter*innen, die das durchziehen, sondern Laborbedingungen, um alles unter Kontrolle zu haben. Außerdem kann immer etwas schiefgehen, deshalb solltest du von Strafen, die Angst und Schmerzen erzeugen, besser absehen. Natürlich kann auch beim Training mit angenehmen Belohnungen etwas schiefgehen, aber zumindest wird dein Hund dann trotzdem positiv gestimmt sein und keine Angst empfinden.

Warte nie darauf, dass dein Hund ein unerwünschtes Verhalten zeigt. Du lässt dir etwas entgehen!

1. Springt dein Hund hoch, wenn du Futter in die Hand nimmst? Dann brich den Vorgang ab.

2. Erst, wenn dein Hund eine bessere Alternative zum Hochspringen zeigt, folgt das Futter.

ES GIBT ZWEI ARTEN VON STRAFE

- **Positive Strafe** = Unangenehmes hinzufügen (ängstigende Strafe)
- **Negative Strafe** = Angenehmes entfernen (frustrierende Strafe)

Auch hier sind positiv und negativ keine wertenden Begriffe, sondern beschreiben nur, dass etwas hinzugefügt oder entfernt wird.

Negative Strafe

Bei der negativen oder frustrierenden Strafe wird dem Hund etwas Angenehmes entzogen oder es hört auf. Das löst beim Hund Frustration aus und ist kein angenehmer Zustand. Frustration sorgt bei deinem Hund für ein hohes Erregungsniveau. In diesem Zustand wird Aggressionsverhalten wahrscheinlicher. Denk beispielsweise an die Ausnahmezustände, die in manchen Städten zwischen Radfahrer*innen und Autofahrern*innen herrschen. Die Stimmung ist oft aufgeheizt, und wenn dann

1

ein Auto nicht schnell genug an dem Fahrrad vorbeikommt oder ein*e Radfahrer*in nicht den Radweg nutzt, weil da unrechtmäßig ein Auto steht, werden die Beteiligten schnell wütend. Frustration hat einen großen Anteil daran. Wenn du irgendwohin möchtest und nicht so schnell vorankommst, wie du willst, bist du frustriert. Dabei verfügen wir Menschen über eine bessere Selbstkontrolle als Hunde, was unser menschliches Gehirn ermöglicht. Möchtest du eine frustrierende Strafe anwenden, musst du deinem Hund das Angenehme wegnehmen können – und das ist nicht immer leicht, denn das kannst du nur, wenn du die Kontrolle darüber hast. Hat dein Hund das Leckerli schon heruntergeschluckt oder rennt mit dem Ball vor dir weg, wird es schwierig. Die frustrierende Strafe löst bei deinem Hund keine Angst aus. Wenn du deinem Hund aber unbedingt etwas wegnehmen willst, machst du ihm vielleicht Angst, verursachst unnötigen Stress oder riskierst aggressives Verhalten.

Positive Strafe

Dabei wird dem Hund etwas Unangenehmes hinzugefügt oder beginnt, was Angst oder Schmerzen auslöst. Deshalb nenne ich es „ängstigende Strafe“. Leinenruck, Schimpfen, Sprühhalsbänder und Wasserspritzen gehören in diese Kategorie. Angst und Schmerzen möchte ich bei meinem Hund nicht auslösen. Die Gefahr von Fehlverknüpfungen besteht dabei immer, da du nie weißt, womit der Hund die Angst oder Schmerzen zusätzlich verbindet. Das Ziel ist immer, diese negativen Emotionen zu vermeiden, da sich der Hund die Situation genau abspeichern wird. In Zukunft wird er dann nicht nur sein Verhalten vermeiden, sondern vielleicht den Ort, an dem es passiert ist, oder sogar dich in dieser Situation. Außerdem hat dein Hund dabei unnötigen Stress und fühlt sich im schlimmsten Fall sogar hilflos, da er nicht weiß, wie er dieser unangenehmen Situation entkommen oder sie abstellen kann. Wenn du dich im Anwenden von Strafe nicht auskennst und dich nicht an die Regeln hältst, wirst du für deinen Hund eine Quelle sehr angenehmer Erfahrungen und gleichzeitig auch sehr unangenehmer Erfahrungen. Das ist ein großer Stressfaktor: Dein Hund weiß in diesen schwierigen Momenten nicht, ob er sich auf seinen Menschen verlassen kann. Er hat keine Erwartungssicherheit, dass es ihm in deiner Nähe gut gehen wird. Genau da liegt meiner Meinung nach das Problem mit ängstigenden und frustrierenden Strafen, deshalb möchte ich beide nicht im Training einsetzen.

2

Mein Problem mit Strafe

Ich werde dir nicht zeigen, wie du Strafe nutzt. Bevor du dich im Umgang mit positiver Verstärkung und Belohnungen nicht sehr gut auskennst, solltest du auch nicht damit anfangen.

Wären wir alle Hundetrainer*innen, hätten den Umgang mit Strafe perfektioniert, unsere eigenen Emotionen im Griff, würden alle Situationen im Blick haben und könnten die Körpersprache von Hunden perfekt lesen, dann wäre der Einsatz von Strafe bei Hunden sicher leicht. Wir wüssten, wann sie überhaupt sinnvoll ist, und könnten sie perfekt dosieren. Wir hätten ein perfektes Timing und könnten die Nebenwirkungen bestmöglich vermeiden. Nur leider habe ich das noch nie erlebt.

Auch im Training mit meinen Kund*innen konzentrieren wir uns auf positive Verstärkung.

Training mit Belohnungen stärkt die Bindung zum Hund und sorgt für mehr Vertrauen.

Viele Hundehalter*innen, die in unser persönliches Training kommen, haben schon einiges mit ihren Hunden probiert und erlebt. Auch Strafe haben viele eingesetzt oder waren bei Hundetrainer*innen, die Strafe genutzt haben. Allerdings haben sie das Trainingsziel mit ihren Hunden nicht erreicht, denn sonst wären sie nicht zu uns gekommen.

FUNKTIONIERT SIE WIRKLICH?

Der Mensch ist hin- und hergerissen und traut sich kaum zu strafen. Er tastet sich langsam heran und stresst damit seinen Hund, ohne dass dieser lernt, was er lernen soll. Der Hund springt beispielsweise in die Leine, wenn er einen anderen Hund sieht, und das soll bestraft werden. Erst wird der Hund mit einer etwas tieferen Stimme angesprochen, aber er reagiert nicht. Dann wird die Stimme des Menschen lauter, aber der Hund springt immer noch in die Leine. Der Mensch wird noch lauter und zieht an der Leine, aber der Hund reagiert noch immer nicht. Dann folgt ein Leinenruck … Für einige Minuten ging es sowohl Hund als auch Mensch schlecht. Beide waren gestresst, und bei der nächsten Hundebegegnung wird der Hund sehr wahrscheinlich wieder in die Leine springen. Alles, was der Mensch getan hat, war keine ängstigende Strafe, die das Verhalten des Hundes geändert hat, sondern Stress für beide Enden der Leine (und wahrscheinlich auch für den anderen Hund, der das mitbekommen hat).

HAST DU DICH GUT IM GRIFF?

Ich kümmere mich viel um mein eigenes Wohlbefinden, weil ich fit und zufrieden sein möchte. Aber auch mit Meditation, Dankbarkeitsritual, gesunder Ernährung und Sport habe ich meine Emotionen nicht perfekt im Griff. Das ist auch nicht mein Ziel. Um Strafe perfekt einzusetzen, wäre das aber wichtig. Wenn du sauer bist und dich ärgerst, wirst du manchmal über das Ziel hinausschießen, kein gutes Timing haben und somit kein durchdachtes Training umsetzen können.

DEINE STIMMUNG BESTIMMT

Nicht nur wenn du mies drauf bist, hat das Auswirkungen auf dein Verhalten gegenüber deinem Hund. Wenn du gute Laune hast, bist du grundsätzlich gelassener. Dich stört das Auto, das kurz auf dem Radweg parkt, nicht so schnell, und auch nicht dein Hund, der an der Leine zieht. Hingegen nervt es dich an Tagen, an denen du schlecht geschlafen hast, dass andere Radfahrer*innen vor dir zu langsam fahren oder dein Hund beim Spaziergang trödelt. Unsere Reaktionen auf das Verhalten von Hunden hängen nicht nur davon ab, wie der Hund sich verhält. Unsere Stimmung, unsere Erwartungen und unsere Erfahrungen haben auch Einfluss auf unser Verhalten gegenüber unseren Hunden – und das sollten wir einkalkulieren und reflektieren. Aber bitte erwarte nicht von deinem Hund, dass er reflektiert, denn diese Fähigkeit fehlt ihm komplett.

Dein Hund soll mit dir schöne Momente teilen und sich nicht vor dir fürchten müssen.

Warum ich auf positive Verstärkung setze

Ob du mit deinem Hund Tricks trainierst, einen Rückruf aufbaust oder ihm beibringst, an lockerer Leine zu gehen: Dein Hund lernt dabei, über eine bestimmte Dauer ein bestimmtes Verhalten zu zeigen – und das in verschiedenen Situationen, in denen Ablenkungen auftreten.

Du weißt, dass so ein Trick im Wohnzimmer schnell klappt, aber ein Rückruf ist ein komplett anderer Fall, wenn dein Hund gerade mit einem anderen Hund spielt oder ein Kaninchen vor ihm wegrennt.

Ich möchte, dass mein Hund Spaß am Leben hat und dass er in einem sicheren Rahmen seine Bedürfnisse befriedigen kann. Alles kann ich meinem Hund nicht erlauben und muss Grenzen setzen. Ich kann unseren Schäferhund Ascii kein Wild verfolgen lassen, also nutze ich eine Leine, baue einen Rückruf auf und so weiter. Auch im Straßenverkehr nutze ich eine Leine, um Unfälle zu vermeiden.

Einige Grenzen legst du selbst fest, und andere werden durch Gesetze, Verordnungen und durch Rücksicht auf andere Menschen und Tiere festgesetzt.

Ich finde es z. B. in Ordnung, wenn Hunde im Bett schlafen. Nur mag ich es nicht, wenn meine Hunde in unserem Bett schlafen, weil wir dann zu wenig Platz haben und unsere Schlafqualität schlechter wird. Deshalb haben sie bequeme Hundebetten direkt neben unserem Bett.

Du entscheidest, wie euer Zusammenleben aussehen soll und berücksichtigst dabei auch immer die Bedürfnisse deines Hundes. Da dein Hund Grenzen hat, sorgst du gleichzeitig immer dafür, wie das Leben deines Hundes innerhalb dieser Grenzen aussieht.

Durch das Training mit befriedigenden Belohnungen geht es deinem Hund gut, und er fühlt sich sicher. Du bietest ihm damit die Möglichkeit, Probleme selbst zu lösen und positive Erfahrungen zu machen. Dadurch erlangt er das Gefühl von Kontrolle. Ich meine damit nicht, dass dein Hund zu einem dominanten Einzelgänger wird. Vielmehr erfährt er durch sein Handeln etwas für ihn Angenehmes. Das fühlt sich für ihn natürlich nicht so an wie für uns, weil er darüber nicht reflektieren kann, aber diese Selbstwirksamkeit bewirkt bei ihm eine höhere Motivation. Sie ist ein grundsätzliches Bedürfnis von Hunden. Das Gegenteil ist Hilflosigkeit. Daraus entwickeln sich Hunde, die nicht wissen, wie sie unangenehme Situationen verlassen oder beenden können. Ihnen geht es entsprechend schlecht: Sie leiden unter durchgängigem Stress, weil sie durch ihre Hilflosigkeit nichts ausrichten können. Zwar garantiert das Training mit positiver Verstärkung nicht, dass dein Hund niemals Angst- oder Aggressionsverhalten zeigt. Es gibt aber viel weniger Nebenwirkungen, da ein Fehler im Timing oder eine falsch ausgewählte Belohnung weder Angst, Aggression noch Hilflosigkeit auslösen. Dein Hund wird dir auch Fehler schneller verzeihen, weil du viele schöne Momente mit ihm hast und damit auf euer Beziehungskonto einzahlst. Jede angenehme Interaktion zwischen dir und deinem Hund bringt dir so einen Vertrauensvorschuss und sorgt dafür, dass ihr auch schlechte Momente gemeinsam besser übersteht.

Wenn du auf positive Verstärkung setzt, wirst du dich jeden Tag mehr auf das gute Verhalten deines Hundes konzentrieren und plötzlich auch immer mehr davon entdecken. Es hilft dir, Chancen zu sehen und zu erkennen, dass Training auch möglich ist, wenn der Hund sich augenscheinlich nur danebenbenimmt. Mir hat es einen anderen Blick auf das Verhalten von Säugetieren im Allgemeinen geschenkt, denn ich sehe nun bei Menschen blitzschnell ihre Stärken. Wiederum sehe ich bei Hunden, was sie gut machen, und warte nicht darauf, dass sie ein unerwünschtes

Fühlt sich dein Hund gut und sicher, klappt es auch besser mit Hundebegegnungen.

Auch die Transportbox kannst du positiv verknüpfen.

Verhalten zeigen. Auch wenn es Letzteres für mich nicht gibt, da jede Verhaltensweise für den Hund eine Funktion hat, gibt es doch Verhalten, das uns stören oder unseren Hunden schaden kann. Ich möchte, dass es Hunden und ihren Menschen gut geht. Dabei ist für mich der perfekte Weg, über positive Verstärkung zu arbeiten und die Bedürfnisse von Hund und Mensch im Blick zu haben. Du kannst darüber einen Weg für deinen Hund und dich finden. Der Fokus auf das, was gut klappt, und das Ziel, es ausbauen zu wollen, werden automatisch dafür sorgen, dass du einen wertschätzenderen Blick auf deinen Hund und auch auf dich gewinnst. Das stärkt deine Resilienz, die Widerstandsfähigkeit, Stress und schwierige Situationen gut zu überstehen. Für deinen Hund gilt dasselbe, nur ist er dabei immer von dir abhängig.

KLASSISCHE KONDITIONIERUNG

Manchmal begegnet mir im Internet die Meinung, dass Konditionierung, vor allem klassische Konditionierung, aus Hunden (und Menschen) kleine Zirkusaffen macht, die keine Persönlichkeit mehr haben und wie Marionetten nur noch tun, was ich will. Ich habe noch nie erlebt, dass das funktioniert – aber klassische Konditionierung betrifft uns alle, und zwar in jeder Sekunde unseres Lebens. Umso wichtiger ist, sie zu verstehen, denn dann kannst du sie für dich nutzen. Du kannst damit Gutes bei deinem Hund bewirken und ihn vor negativen Auswirkungen schützen bzw. sie vermeiden. Du kennst sicher das Experiment von Iwan Pawlow Anfang des 20. Jahrhunderts. Er bemerkte, dass Hunde nicht nur speichelten, wenn sie Futter bekamen, sondern auch, wenn seine Assistent*innen ohne Futter den Raum betraten. Er machte darauf eine Versuchsreihe, in der das Futter durch eine Glocke angekündigt wurde – und die Hunde speichelten, wenn sie nur die Glocke hörten. Erinnerst du dich an meine Hunde, die in die Küche laufen, sobald meine Eltern den Kühlschrank öffnen? Da ist klassische Konditionierung am Werk.

Du bist konditioniert.

Klassische Konditionierung passiert einfach. Ganz unbewusst. Du kannst sie nicht willentlich beeinflussen. Wenn du aber verstehst, wie sie funktioniert, kannst du selbst darüber bestimmen, was genau bei dir klassisch konditioniert wird.
Ich lade dich zu einem kleinen Selbstversuch ein: Geh jetzt eine Runde durch dein Haus oder deine Wohnung. Such dir dabei drei Gegenstände, die du gern magst, und drei Gegenstände, die du nicht leiden kannst. Denk nicht zu lange darüber nach, sondern hol dir diese sechs Gegenstände so schnell wie möglich. Die erste Assoziation, die du mit jedem Gegenstand hast, hast du dank klassischer Konditionierung. Wenn du dir die Gegenstände jetzt länger anschaust, findest du sicher Erklärungen für deine Assoziationen. Wir Menschen sind sehr gut darin, uns Zusammenhänge zu erklären, und du kannst durch deine Erklärungen auch etwas an deiner Einstellung zu diesem Gegenstand ändern oder ihn einfach aussortieren. Dein Hund hat diese Möglichkeit nicht – ihm helfen Erklärungen, Logik und Vernunft nicht. Er hat aber dich an seiner Seite, und du kannst ihn unterstützen.

Wir sind so konditioniert und erwarten, dass ein Hund immer hinter einem Ball herrennt.

So wird konditioniert.

Bei klassischer Konditionierung erhält ein neutraler Reiz durch eine Verknüpfung oder Assoziation eine Bedeutung. Zwei Reize, die das Gehirn wahrnimmt, werden miteinander in Verbindung gebracht, weil sie kurz nacheinander wiederholt wahrgenommen werden. Wenn die Glocke von Pawlow immer ertönt, kurz bevor der Hund das Futter bekommt, entsteht eine Verknüpfung. Nach einigen Wiederholungen wird die Glocke die gleiche körperliche und emotionale Reaktion hervorrufen wie das Futter. Der vorher unbedeutende Reiz (Glocke) hat plötzlich eine Bedeutung. Bist du schon einmal an einem Teich gestanden und plötzlich kamen alle Fische angeschwommen und tummelten sich unter dir? Diese Reaktion hast du klassischer Konditionierung zu verdanken: Ein Mensch am Teichrand wurde bei den Fischen mit Futtergabe verknüpft. Das sichert das Überleben dieser Fische, denn sie kommen schneller an die wichtige Nahrung. Klassische Konditionierung hilft Lebewesen, wichtige Zusammenhänge zu verknüpfen. Diese Verknüpfungen halten natürlich nicht ewig. Würden meine Eltern den Kühlschrank immer öffnen und meine Hunde ignorieren, würde die Verknüpfung irgendwann gelöscht werden, und meine Hunde würden nicht mehr herbeilaufen, wenn jemand die Kühlschranktür öffnet. Außerdem kann klassische Konditionierung im realen Leben nur funktionieren, wenn zuerst der neutrale Reiz und anschließend der bedeutende Reiz innerhalb von wenigen Sekunden auftreten. Nur dann entsteht eine Verknüpfung oder Assoziation.

Welche Konditionierung soll es sein?

Klassische und operante Konditionierung sind Erklärungsmodelle für das Lernverhalten von Hunden. Du kannst beide immer nur in der Theorie voneinander trennen, denn im echten Leben treten beide immer auf. Durch eine ängstigende Strafe kann dein Hund beispielsweise auch andere Dinge mit Angst verknüpfen – auch hier wirkt wieder klassische Konditionierung. Wir können nicht kontrollieren, was genau verknüpft wird – wir trainieren mit unseren Hunden nicht in einem Labor.

DAS POSITIVE MARKERSIGNAL

MARKERSIGNAL = BRÜCKE FÜR DEINEN HUND

Du hast mehr Zeit, deine Belohnung herauszuholen und verpasst den richtigen Moment nicht mehr.

Die Brücke für deinen Hund

Dank einem Markersignal kann dein Hund schneller lernen und vor allem die Belohnungen seinem Verhalten besser zuordnen.

Ein positives Markersignal schafft für deinen Hund eine Brücke zwischen seinem Verhalten und der Belohnung. Er erhält die Information, für welches Verhalten eine Belohnung folgt, und kann diesen Zusammenhang besser herstellen. Deshalb wird das Markersignal auch oft als **„Brückensignal"** bezeichnet. Du hast nach dem Markersignal drei Sekunden Zeit, um mit der Belohnung zu beginnen. An dieser Stelle sei noch einmal gesagt: Die Betonung liegt hier auf „Beginnen". Bei neuen Kund*innen, die das Training mit dem Clicker schon kennen, sieht es oft so aus: clicken und sofort das Leckerli in den Hund hineinstopfen. Am besten hat der Mensch es schon vorher in der Hand. Es muss doch schnell gehen – und genau das muss es nicht. Nach dem positiven Markersignal beginnst du innerhalb von maximal drei Sekunden mit der Belohnung. Du wirst deine Hand in die Futtertasche stecken, ein Spielzeug herausholen oder deinem Hund sagen, was er jetzt tun kann. Dein Hund wird sehen, hören und vielleicht sogar riechen, was gleich Gutes für ihn kommt. **Die Belohnung muss nicht innerhalb von drei Sekunden im oder am Hund sein.** Dieses schnelle Vorgehen sorgt oft für Hektik, ein schlechteres Timing und für frustrierte Hunde, wenn die Belohnung einmal nicht so schnell folgt. Selbst wenn das Leckerli in der Tasche feststeckt, kannst du die Zeit nach dem positiven Markersignal mit einem stimmlichen Lob überbrücken, bis du das Leckerli in der Hand hast. Bei uns kommt es auch einmal vor, dass ich mein positives Markersignal gebe und meine Hunde mit der Stimme lobe, während ich mir aus dem Schrank zwei Leckerlis hole.

Beim Training mit Markersignalen bleibt das Futter bitte in der Tasche.

DIE WICHTIGSTE REGEL

Ein Markersignal kommt niemals allein: Danach folgt immer eine Belohnung. Das Markersignal kündigt dem Hund eine Konsequenz an. Manche Menschen glauben, dass sie die Belohnungen danach irgendwann weglassen können und das positive Markersignal allein ausreicht. So funktioniert es leider nicht. Es wird sicher eine Weile gut gehen, bis das Markersignal keine Bedeutung mehr für den Hund hat. Erinnere dich an die klassische Konditionierung: Das positive Markersignal ist deine Möglichkeit, um einfacher mit Belohnungen zu arbeiten, ein besseres Timing zu bekommen und auch über Distanz Verhalten punktgenau zu verstärken.

WAS ES NICHT IST

Das positive Markersignal wird für viele Hunde schnell sehr wichtig. Es kündigt absolut zuverlässig etwas Angenehmes an. Das mag jeder Hund, und wenn dein Hund Belohnungen wie Futter, Spiel, Aufmerksamkeit und Interaktion mit dir liebt, wird er dich oft ansehen, sobald er sein positives Markersignal gehört hat. Er will die Belohnung, die von dir kommt. Für manche Menschen ist das positive Markersignal eine Möglichkeit, ihren Hund auf sich aufmerksam zu machen. Das ist ein netter Nebeneffekt, und du siehst, wie leicht es ist, ein Rückrufsignal aufzubauen, aber das ist nicht die Funktion des positiven Markersignals. Es bedeutet nicht, dass

Belohnung – viel mehr als Futter

Den Hund zu belohnen bedeutet nicht automatisch, ihm ein Leckerchen zu geben. Belohnung ist viel mehr als Futter. Mehr zum Thema Belohnungen findest du ab Seite 50 und 104.

1.
Wie beschäftigt sich dein Hund allein in der Umwelt? Diese Verhaltensweisen sind perfekte Belohnungen.

2.
Mag dein Hund Wasser? Dann sind Schwimmen oder Futter aus dem Wasser fischen passende Belohnungen.

3.
Wenn dein Hund gern Dinge trägt, dann lass' ihn das als Belohnung zeigen. Ansonsten gönne ihm sein Spielzeug.

4.
Auch die Lieblingstricks deines Hundes können eine Belohnung für ein weniger beliebtes Verhalten sein.

5.
Welche Art von Körperkontakt mag dein Hund? Kuscheln, Kontaktliegen oder ein wildes, körperliches Spiel?

6.
Überlege dir: Was würde mein Hund jetzt lieber machen? Genau das ist die perfekte Belohnung!

Ein positives Markersignal verspricht immer eine Belohnung. Deshalb löst es bei deinem Hund immer Vorfreude aus.

dein Hund dir plötzlich Aufmerksamkeit schenken muss. Das positive Markersignal gibt dem Hund die Information, dass etwas Gutes für ihn folgt. Dabei spielt es keine Rolle, was er danach macht. Es ist unwichtig, ob er dich anschaut, ignoriert oder wegrennt. Läuft er weg, solltest du ihn zu dir rufen und dann bei dir belohnen. Sicherheit geht immer vor! Auch sonst wird dein Hund belohnt, selbst wenn er dich nicht anschaut. Was du als Belohnung einsetzen kannst, findest du auf Seite 37 und ab Seite 50.

Negatives Markersignal

Du kannst es dir schon denken: Wenn es ein positives Markersignal gibt, dann gibt es auch ein negatives. Mit diesem Prinzip kannst du deinem Hund sagen, dass er jetzt keine Belohnung erhält. Das negative Markersignal würde deinem Hund eine frustrierende Strafe ankündigen. Dafür würdest du natürlich ein anderes Markersignal nutzen und nicht dein positives. Würde ich dir jetzt erklären, wie du es aufbaust und nutzt, würde Folgendes passieren: Du wirst richtig motiviert und willst ein positives und ein negatives Markersignal im Alltag mit deinem Hund einsetzen. Am Ende wirst du fast ausschließlich das negative Markersignal verwenden, weil wir fast alle besser darin sind, zu sehen, was nicht funktioniert. Wie in der Schule, als fast ausschließlich alle Fehler mit Rotstift angestrichen wurden, filterst du deine eigene Realität und merkst dir jeden Fehler deines Hundes. Dann wirst du mit Markertraining nicht erfolgreich, und vor allem wirst du kein entspannteres Leben mit deinem Hund genießen.

Wenn du es schaffst, an jedem Verhalten und in jedem Bereich des Hundetrainings mit einem positiven Markersignal erfolgreich zu arbeiten, kannst du darüber nachdenken, ein negatives Markersignal aufzubauen und einzusetzen. Aber du wirst es dann nicht mehr brauchen.

Falls du dir jetzt denkst, dass du deinem Hund auch mitteilen willst, was du nicht gut findest, kann ich nur sagen, dass du das niemals kannst. Mit einem negativen Markersignal zeigst du deinem Hund nur, für welche Verhaltensweisen er auf Belohnungen verzichten muss. Ich habe für meine Hunde auch ein negatives Markersignal eingesetzt. Mein Freund und ich nutzten es im Tricktraining, weil wir so unseren Hunden schnell zeigen konnten, wenn sie sich für die falsche Verhaltensweisen entschieden. Nach zwei Wochen haben wir es wieder gelassen, denn wir brauchen es nicht. **Ich werde ab jetzt nur noch den Begriff „Markersignal" nutzen und beziehe mich damit immer auf das positive Markersignal.**

Hunde wollen nichts falsch machen. Sie geben immer ihr Bestes. Du entscheidest, worauf du dich im Training fokussierst.

Warum du mit Markersignalen einfach besser trainierst

Ich kann mir ein Training ohne Markersignale nicht mehr vorstellen, denn es gibt mir die Möglichkeit für eine freundliche und effektive Kommunikation.

Dein Hund lernt nicht nur schneller und ordnet die Belohnungen seinem gezeigten Verhalten besser zu. Er ist durch das Markersignal auch voller Vorfreude, was das Erleben der Belohnung für ihn noch hochwertiger macht. Im Training habe ich schon oft erlebt, dass auch Hunde, die vorher angeblich kein Futter oder Spielzeug als Belohnung wollten, nach dem Markersignal gern ein Leckerli oder Spielzeug angenommen haben. Sie wurden schon in Stimmung gebracht, fühlten sich sicherer und wussten, was kommt.

Mit einem Markersignal hast du mehr Zeit zum Belohnen, da du präziser arbeiten kannst. Außerdem hast du die Möglichkeit, die Belohnungen erst nach dem gezeigten Verhalten deines Hundes herauszuholen. So kannst du auch in schwierigen Situationen schnell reagieren, ohne dass die Belohnung sofort bei deinem Hund ankommen muss und ohne dass du das Futter schon in der Hand hältst. Das Futter im Voraus in der Hand zu halten, sorgt bei vielen Hunden für eine hohe Erregung und Frust. Wenn ich früher bei meinem Hund Paco einen Ball in der Hand gehalten habe, konnte er kaum klar denken. Er folgte einfach nur dem Ball und bot sehr viel Verhalten an. Leider war es kaum möglich, ihn präzise zu belohnen, weil er schnell wieder etwas anderes gemacht hat.

Ein Markersignal gibt deinem Hund auch Sicherheit, da es ein Versprechen darauf ist, dass gleich etwas Angenehmes passiert. Dein Hund weiß, dass nichts schiefgehen kann: Er hat bereits immer wieder die Erfahrung gemacht, dass nach dem Markersignal etwas folgt, was er gut findet, und dass er sicher und geschützt ist.

Außerdem sorgt ein positives Markersignal für eine stärkere Kooperation deines Hundes: Fängst du an, sein gutes Verhalten zu belohnen, wird er dieses auch von sich aus anbieten und es öfter, schneller, länger und intensiver zeigen.
Mit einem Markersignal verstärkst du außerdem immer mehr Verhalten als ohne. Alles, was dein Hund nach dem Markersignal zusätzlich an Verhalten zeigt, wird ganz nebenbei mit belohnt. Manchmal wird dir das nicht gefallen. Sicher denkst du jetzt zuerst an alle Sachen, die du nicht gut findest. Erinnerst du dich an den Rotstift in der Schule? In den meisten Fällen wird dein Hund dich nach dem Markersignal ansehen oder mit dir interagieren, da du ihm eine Belohnung zur Verfügung stellst. Genau dieses Verhalten verstärkst du auch bei ihm: mit dir interagieren und kooperieren. Bei meinen Hunden habe ich dadurch das Laufen auf den Wegen im Wald immer nebenbei mit verstärkt, ohne gezielt darauf zu achten. Du fragst dich, wozu das gut ist? Auf den Wegen laufen ist besser, als im Unterholz herumzukriechen.
Für mich ist der größte Vorteil eines Markersignals, dass der Mensch lernt, sich auf das zu fokussieren, was der Hund ihm anbietet und gut macht.

Sobald du mehr auf das gute Verhalten deines Hundes achtest, wirst du positiv überrascht sein.

Mit dieser Perspektive fällt es uns viel leichter, schwierige Situationen mit dem Hund zu überstehen und ihm und uns selbst unnötigen Stress zu ersparen. Das Markersignal wird dadurch auch sehr schnell zu einem Sicherheits- und Kooperationszeichen für deinen Hund. Nutzt du dein Markersignal überall, weiß dein Hund nach einiger Zeit, dass danach immer etwas Gutes für ihn folgt, und das gibt ihm ein positives Gefühl. Es entsteht nicht nur Vorfreude, sondern auch eine hohe Erwartungssicherheit. Dein Hund weiß, dass es ihm danach gut geht, und diese Sicherheit zu haben, ist für ihn mehr als großartig.

Clicker gibt es in verschiedenen Formen, Farben und Lautstärken.

CLICKER ODER MARKERWORT?

Du kennst sicher den Clicker, aber der muss nicht unbedingt sein, wenn du Markertraining anwenden möchtest. Du kannst auch ein Markerwort nutzen.

Clicker

Vielleicht macht es bei dir gerade wortwörtlich „Klick", weil du merkst, dass es hier um Clickertraining geht. Allerdings halte ich mich nicht an alle Regeln des klassischen Clickertrainings. Ein Clicker ist wie ein kleiner Knackfrosch. In deiner Hand erzeugt er ein metallisches, kurzes Geräusch. Dieses Geräusch wird zu einem Markersignal, wenn danach eine Belohnung für deinen Hund folgt. Der Clicker hat den Vorteil, dass du ihn sehr präzise einsetzen kannst, denn manche Menschen sind mit ihrer Hand schneller als mit ihrem Mund. Außerdem ist das Geräusch sehr prägnant und hebt sich fast immer stark von anderen Umgebungsgeräuschen ab. Der Clicker ist dabei immer neutral, was besonders wichtig für Hunde ist, die eine lange Geschichte des Schimpfens mit ihren Menschen haben. Für einige Hunde ist die Stimme ihrer Menschen so schlecht verknüpft, weil sie damit zu oft gehemmt wurden. Andere Hunde haben Angst vor menschlichen Stimmen – in solchen Fällen eignet sich der Clicker sehr gut. Diese Vorteile können bei manchen Hunden aber auch zum Nachteil werden: Hat ein Hund Angst vor metallischen oder plötzlich auftretenden Geräuschen, sind Clicker oft nicht geeignet. Mittlerweile gibt es die verschiedensten Clicker zu kaufen, auch solche mit Lautstärkeregelung oder besonders leise.

> Wenn du einen Clicker als Markersignal nutzen möchtest, solltest du deinen Clicker zu Beginn immer unter einen dicken Pullover stecken, bevor du clickst. Dadurch ist das Geräusch leiser, und dein Hund erschreckt sich nicht.

Markerwort

Wenn du lieber nichts in deinen Händen mit dir herumtragen willst oder weißt, dass du den Clicker zu Hause vergisst, kannst du als Markersignal ein Markerwort nutzen. Dazu kannst du ein prägnantes und kurzes Wort aussuchen.
Ich empfehle dir, als Markerwort ein Wort auszuwählen wie: CLICK, TIC, TAK, TOK, TOP, JEP, JIP. Damit machst du es deinem Hund und dir leichter, denn dein Hund kann dieses Wort schneller aus allem Gesagten herausfiltern, was ihn umgibt; und du kannst sehr bewusst beginnen, dein Markersignal einzusetzen. Nimmst du ein Wort wie „SUPER", brauchst du länger, um es auszusprechen. Das Timing verzögert sich zwar, aber du bist der Meinung, dass es trotzdem ausreicht. Schließlich ist „SUPER" für dich schon ein stimmliches Lob, womit die Belohnung abgeschlossen ist. Allerdings muss nach dem Markersignal immer eine angenehme Konsequenz für deinen Hund folgen. Nutzt du „SUPER" als Markersignal und lässt danach keine Belohnung folgen, ist „SUPER" kein Markersignal. Es ist nur ein Wort, bei dem du dich freust, aber es kündigt nicht wie ein Markerwort eine Belohnung für deinen Hund an.
Mit einem Markerwort bist du sehr flexibel, denn du kannst es niemals zu Hause vergessen, und du kannst es deinem Hund auch auf größere Entfernung laut zurufen oder es ihm leise zuflüstern, falls es die Situation erfordert.
Ich habe über die letzten Jahre sowohl Clicker als auch Markerwörter benutzt. Im Moment nutze ich nur noch mein Markerwort „TAK". Unser Markerwort „TAK" führt beispielsweise oft dazu, dass uns Passant*innen grüßen, wenn sie es hören. Es klingt für sie wohl wie „Tag". In der schwedischen Sprache bedeutet es übrigens „Danke" und auf Polnisch „Ja", wie ich später herausgefunden habe.
Mein Freund nimmt manchmal für kurze Trickeinheiten einen Clicker. Du darfst also beides mit deinem Hund nutzen, aber bitte niemals zusammen im gleichen Augenblick. Das wird deinen Hund und dich nur verwirren. Wenn du jetzt mit Markertraining beginnen willst, dann starte mit einem Markerwort. Falls etwas schiefgehen sollte oder du das Wort nicht mehr magst, kannst du einfach ein neues aufbauen. Mein erstes Markerwort für Paco war „COOL". Das hat funktioniert, war aber nicht besonders präzise. Außerdem hatte ich früher für beide Hunde verschiedene Markerwörter, was sich im Alltag nicht bewährt hat. Deshalb nutze ich jetzt nur noch das Markerwort „TAK" für beide Hunde und belohne sie auch immer gemeinsam.

Das gleiche Markerwort für mehrere Hunde?

Ich weiß, was du dich jetzt fragst: ein Markerwort für beide Hunde? Was mache ich, wenn ein Hund Mist baut? Ich kann dir sagen, dass ich das Markerwort „TAK" sogar für drei Hunde

Auch mit mehreren Hunden empfehle ich dir, nur ein Markersignal für alle zu nutzen.

gleichzeitig genutzt habe. Viele Hundehalter*innen haben aber Angst, dass sie das Markersignal nur nutzen können, wenn beide Hunde gutes Verhalten zeigen. Sie haben Angst, dass sie einen der Hunde für ein unerwünschtes Verhalten belohnen könnten. Ich kann dir dazu sagen, dass das weder unseren Kund*innen noch mir jemals passiert ist. Baut einer deiner Hunde Mist, solltest du den Rest deiner Hundebande unbedingt belohnen. Du gibst dein Markersignal und belohnst alle braven Hunde. Den Hund, der sich schlecht verhalten hast, musst du ohnehin abrufen. Entweder merkt er es also nicht, dass du dein Markersignal sagst und die anderen Hunde belohnst, oder er unterbricht seinen Ausflug und kommt schnell zu dir zurück, weil er auch eine Belohnung will. Da hast du die Chance, ihn zu sichern, und hast zumindest sein unerwünschtes Verhalten unterbrochen. Danach solltest du darüber nachdenken, wie du mit dem kleinen Täter umgehst, falls das ungeliebte Verhalten wieder auftritt. Gerade in Hundegruppen ist es wichtig, dass die ganze Energie nicht in das ungeliebte Verhalten eines Hundes gesteckt wird. Die Gefahr ist groß, dass der brave Rest einfach ignoriert wird. Investiere deine Energie also lieber in die brave Gruppe, und fange mit deinem Markersignal ihr gutes Verhalten ein und belohne sie. Wenn du das immer vergisst, wird die brave Gruppe vielleicht nicht für immer brav bleiben – und das wäre sehr bedauerlich.

KENNST DU DIE BEDÜRFNISSE DEINES HUNDES?

Dann weißt du auch, was deinen Hund motiviert, und kannst passende Belohnungen finden.

Motivation und Bedürfnisse

Markersignale sind großartig, aber sie erhalten ihre Kraft erst durch Belohnungen. Ein Auto kann dich ohne Treibstoff nirgendwo hinbringen. Die Bedürfnisse sind in diesem Fall der Treibstoff, und die Motivation ist das Auto, das dich überall hin- und wegbringt.

WAS IST MOTIVATION?

Um zu verstehen, warum Verhalten entsteht und welche Faktoren Entscheidungen beeinflussen, wurde die Motivation als gedankliche Hilfe erfunden. Die Motivation beschreibt die Bereitschaft deines Hundes, ein bestimmtes Verhalten zu zeigen. Als Konzept hilft sie uns, zu verstehen, was uns und alle Tierarten zu ihren aktuellen Verhaltensweisen bewegt. Sie hilft dir, zu verstehen, warum dein Hund gerade jetzt und hier ein bestimmtes Verhalten zeigt. Dabei setzt sie sich genau wie ein Auto aus vielen kleinen Einzelteilen zusammen. Nicht jedes Detail ist uns bekannt, aber wir wissen genau, wofür sie gut ist und dass sie uns hilft, nachzuvollziehen, was unseren Hund antreibt – und du weißt genau, dass sich die Motivation deines Hundes schnell ändern kann. Sie verändert sich und wird durch innere und äußere Faktoren beeinflusst. Ist es sehr heiß und dein Hund liegt in der Sonne, wird ihm nach einer Weile warm. Irgendwann wird er durstig und sucht den Wassernapf auf. Die hohe Umgebungstemperatur sorgt dafür, dass sich die Körperoberfläche des Hundes erwärmt. Eine Abkühlung wird notwendig, und der Hund wird aktiv. Die hohe Temperatur seiner Körperoberfläche löst das Bedürfnis nach Wasseraufnahme, Schatten, Abkühlung im Pool oder etwas anderem aus, was seine Temperatur wieder senken kann. Auch wenn dein Hund sich nur schnell zum Wassernapf schleppt, seine Zunge dreimal durchzieht und sich ins kühlere Haus zurückzieht, passiert in seinem Inneren eine Menge. Um den komplexen Prozess zu verstehen, der dafür sorgt, welches Verhalten der Hund zeigt, gibt es den Begriff Motivation.

Weißt du, ob dein Hund lieber seine Augen oder seine Nase nutzt?

Hat dein Hund Lust auf Spiel mit fremden Hunden oder eher nicht?

Wenn du weißt, welche Bedürfnisse dein Hund hat und vor allem welches Bedürfnis er genau in diesem Moment hat, weißt du, was ihn motiviert. Du weißt, welche Faktoren sein Verhalten beeinflussen und wie du Einfluss auf dieses Verhalten nehmen kannst, denn das ist genau das, was wir mit Hundetraining erreichen wollen: Verhalten des Hundes verändern und dafür sorgen, dass es so bleibt. Den zweiten Punkt verlieren wir gern aus den Augen und denken, es würde reichen, einmal ein Signal wie „Sitz" aufzubauen, damit es ein Hundeleben lang so bleibt. Umso wichtiger ist es, dass du verstehst, welche Bedürfnisse dein Hund hat und wie du diese befriedigen kannst. Der einfachste Weg ist, die Bedürfnisse durch eingesetzte Belohnungen und Beschäftigung zu befriedigen.

MOTIVATION VON INNEN

Diese Form der Motivation kommt von innen und nennt sich „intrinsische Motivation". Dein Hund tut etwas, weil es ihm Spaß macht. Bei vielen Hunden ist das z. B. beim Schnüffeln der Fall. Dein Hund kann es, er tut es oft und überall, und du hast es ihm nicht beigebracht und es auch nie belohnt, oder? Schnüffeln fühlt sich für deinen Hund großartig an. Er ist absolut motiviert bei der Sache und daher währenddessen schlecht ansprechbar. Verhalten, das bei deinem Hund intrinsisch moti-

viert ist, musst du ihm nicht beibringen, und du musst es auch nicht extra belohnen. Allein das Verhalten zu zeigen, fühlt sich für deinen Hund gut an, und deshalb wird er es immer wieder tun. Meist sind genau die Verhaltensweisen sehr stark intrinsisch motiviert, die uns Menschen schnell zur Verzweiflung bringen, wie z. B. Jagdverhalten, Markieren, Schnüffeln oder Buddeln.
Wenn du gern ein Buch liest und dir Lesen riesigen Spaß macht, wirst du ein Buch nach dem anderen verschlingen – die meisten Hobbys, die wir Menschen haben, sind intrinsisch motiviert. Wir tun sie um ihrer selbst willen. Auch dein Hund hat solche Hobbys. Welche sind das bei ihm? Diese solltest du auf die Belohnungsliste setzen, ansonsten geht dein Hund seinen Hobbys allein nach und lässt dich rufend im Regen stehen, denn er hat schließlich alles, was er braucht. Wurdest du in der Schule zum Lesen von Büchern gezwungen, und du hattest nur zwei Gründe, sie zu lesen – die Angst vor schlechten Noten und vor der Reaktion der Lehrerin? Dann wird dir Lesen keinen Spaß machen. Du hattest überhaupt keine Chance, Spaß am Lesen zu entwickeln. Auch deinem Hund wird es schwerfallen, Spaß am Training mit dir zu haben, wenn du ihn zu Verhaltensweisen zwingst oder mit Strafe drohst.

MOTIVATION VON AUSSEN

Diese Motivation kommt von außen und wird **„extrinsische Motivation“** genannt. Das Versprechen auf Belohnung, das wir dem Hund geben, motiviert ihn, ein Verhalten zu zeigen. Auch die Angst vor Strafe kann deinen Hund dazu motivieren, sich anzupassen, wie dich z. B. beim Lesen in der Schule. Dein Hund hat das Ziel, sich einen Vorteil zu verschaffen, entweder durch eine Belohnung oder indem er etwas Unangenehmes wie Strafe vermeidet. Er passt sein Verhalten dahingehend an. Genauso ist es bei allen Verhaltensweisen, die du ihm beibringst, auf die er ohne deine Hilfe nicht kommen würde und an denen er von Natur aus nicht sofort Spaß hat. Das sind meist die üblichen Kommandos wie „Sitz“, „Platz“ und „Bleib“.

1. Dein Hund sollte das Unterholz nicht unsicher machen.

2. Aber du kannst einen passenden Ersatz für ihn finden, wie z. B. Suchaufgaben.

1

2

Belohnungen

Was darf nach einem Markersignal nie fehlen? Natürlich die Belohnung. Sie kann das Bedürfnis des Hundes befriedigen und für Motivation sorgen.

Ein Markersignal steht nie für sich allein, denn es ist nur ein Hilfsmittel in der Kommunikation mit deinem Hund. Es kündigt deinem Hund die Belohnung an, die er seinem gezeigten Verhalten zuordnen kann. Wenn deine Belohnung das aktuelle Bedürfnis deines Hundes befriedigt und sie damit sein Verhalten verstärkt, hast du die perfekte Belohnung gefunden. Die Lernerfahrungen deines Hundes haben Einfluss auf seine Motivation und sorgen dafür, dass ein Kommando oder Signal auch unter Ablenkung funktioniert. Dein Hund reagiert auf sein Signal „Sitz" und setzt sich auf den Boden. Danach darf er zu seinem besten Hundekumpel laufen, den er schon sehnsüchtig beobachtet hat, als du das Signal „Sitz" gegeben hast. Das Hundegehirn entscheidet darüber, ob deine Belohnung ein Verhalten verstärkt – leider nicht du und ich. Mein Ziel ist immer, dass ein Hund ein Verhalten freiwillig zeigt, weil sich dieses Verhalten schon einmal für ihn gelohnt und zu einer Befriedigung seiner Bedürfnisse geführt hat. Wenn du Belohnungen geschickt einsetzt und deinem Hund Erfolge verschaffst, wird es ihm Spaß machen, deine Signale und Kommandos auszuführen. Dein Hund lernt nicht nur, dass er eine Belohnung bekommt, wenn er auf deine Signale reagiert, sondern dass er Einfluss auf seine Bedürfnisbefriedigung und die Umwelt hat. Das gibt deinem Hund Selbstbewusstsein und Selbstwirksamkeit. Außerdem schaffst du es, dass es ihm Spaß macht, Verhalten auszuführen, was für ihn wiederum sogar selbstbelohnend wird.

1

DIESE BELOHNUNGEN BRAUCHST DU

Nach dem Markersignal muss immer etwas Gutes folgen, aber es muss nicht immer nur Futter sein. Wie dieses Gute aussieht, entscheidest du und passt es deinem Hund und der Situation an. Gehe gemeinsam mit deinem Hund kreativ und mit Spaß an das Thema Belohnungen heran. Durch den Einsatz verschiedener Belohnungen hat dein Hund größere Freude am Training und wird gleichzeitig öfter von dir beschäftigt.

Um die Belohnungen zu finden, die dein Hund mag, solltest du dir jetzt diese drei Fragen stellen:

1. Was macht dein Hund gern und oft?
2. Wovon musst du ihn immer wieder abrufen oder versuchst es zumindest?
3. Worauf richtet sich ständig seine Aufmerksamkeit und zieht ihn in seinen Bann?

Schreibe alles auf, was dir in den Sinn kommt.

Im Regelfall sind es alles Dinge, die für deinen Hund sehr wichtig sind und sich in vielen Fällen gut für ihn anfühlen. Deshalb schaue dir jetzt alles an, was du notiert hast, und erstelle daraus eine Liste von 10 bis 20 Dingen, die dein Hund gern tut und bei denen er sich wohlfühlt. Nachdem du alles notiert hast, solltest du dir jede Belohnung auf deiner Liste noch einmal ansehen. Du entscheidest jetzt, was als Belohnung davon brauchbar und umsetzbar ist. Fortpflanzung solltest du deinem Hund beispielsweise nicht möglich machen, auch wenn es für ihn oberste Priorität hat. Natürlich wirst du nicht immer alles einsetzen können, aber das ist in Ordnung. Die eine perfekte Universalbelohnung gibt es nicht. Setz deiner Kreativität keine Grenzen, und überrasch deinen Hund öfter mal mit etwas Neuem.

1. Probiere verschiedene Varianten von Belohnungen aus.

2. Damit kannst du flexibel reagieren und es wird nicht langweilig.

2

1

2

Alternativen

Manche Dinge kannst du nicht als Belohnung einsetzen, weil sie verboten sind oder deinem Hund oder anderen schaden. Bei einigen Sachen kannst du Alternativen finden. Statt hinter einem Reh herzulaufen, könnte dein Hund Futter, ein Spielzeug oder einen Dummy jagen. Statt im Unterholz nach Kaninchen zu suchen, könntest du ihm Futter oder einen Dummy verstecken. Eine Alternative ist im ersten Moment nie so reizvoll wie das Original, aber dank positiver Verstärkung und einem Markersignal kann die Alternative genauso großartig werden. Belohnungen können aufgebaut werden wie jeder andere Trick auch. Dein Hund hat sicher irgendeinen Lieblingstrick, den er gern zeigt. Diesen Trick hast du schon so oft belohnt und dich darüber gefreut, dass dein Hund ihn liebt. Er liebt es, dieses Verhalten zu zeigen, selbst wenn er dafür kein Leckerli von dir erhält. Da Tricks für uns Menschen nicht so wichtig sind, gehen wir damit entspannter um und trainieren sie nur mithilfe positiver Verstärkung. Nur macht das Hundegehirn keinen Unterschied zwischen Tricks und den vermeintlich wichtigen Signalen und Kommandos. Jedes Signal, das dein Hund liebt und das du nur mit positiver Verstärkung aufgebaut hast, kannst du als

MINDERWERTIGE BELOHNUNGEN

Du musst auch minderwertige Belohnungen nach dem Markersignal einsetzen – das ist wichtig! Sonst regt dein Hund sich im Training auf, und das brauchst du weder im Training noch im Alltag. Außerdem kannst du so die Belohnungen seiner Leistung anpassen und zusätzlich Leistungen belohnen, die deinem Hund schon leichter fallen.

3

1. Passende Belohnungen befriedigen die Bedürfnisse deines Hundes.

2. Statt nur mit Futter zu belohnen, kannst du Belohnungen gezielt aufbauen.

3. Als Belohnung ist alles erlaubt, was für dich in Ordnung ist und niemandem schadet.

Belohnung nach dem Markersignal einsetzen, weil dein Hund es gern zeigen wird. Das wird bei deinem Hund wahrscheinlich nicht so gut ankommen wie die Leberwursttube, aber es macht ihm Spaß.
Du solltest die Belohnungsliste alle acht Wochen zur Hand nehmen und anschauen, denn du wirst merken, dass sich die Bedürfnisse deines Hundes verändern und dir auch immer mehr einfällt.

Ideen für verschiedene Belohnungen

Hier findest du ein paar Vorschläge für verschiedene Belohnungen. Bitte setze nur das ein, was dein Hund auch wirklich mag und was gut für ihn ist. Seit einigen Jahren dürfen meine beiden Hunde beispielsweise ihre Bälle nur noch fangen, denn das schnelle Stoppen beim Hinterherrennen schadet ihrem Bewegungsapparat. Bitte ergänze diese Vorschläge und beobachte bei deinem Hund, was für ihn hoch- und was minderwertig ist.

- **Futter** Trockenfutter, Schlecken an der Futtertube, Futtersuche, Futter aus dem Futterbeutel, Futter werfen, …
- **Spiel** Zerrspiel, Spielzeug verstecken, Spielzeug werfen, körperbetontes Spiel, Rennspiel, Lieblingstricks …
- **Verbal und nonverbal** Ruhiges Loben, Aufmerksamkeit schenken, Lächeln, euphorisches Loben …
- **Körperliche Nähe** Kontaktliegen, Streicheln, Massage, Hand auflegen, Bürsten …
- **Umwelt** Schnüffeln, Buddeln, Ableinen, Rennen, Kontakt zu anderen Hunden oder Menschen, andere Tiere beobachten, Zugang zu Wasserstellen …

Alles, was dein Hund lieber tun würde als das, was er gerade macht, kann übrigens in diesem Moment eine Belohnung für ihn sein.

Wann kann ich endlich mit dem Belohnen aufhören?

Aufhören zu belohnen kannst du leider nie komplett. Du lebst mit deinem Hund nicht in einem Labor. Die Umwelt hat ihm immer etwas Interessantes zu bieten. Dadurch kannst du keinen exakten Plan erstellen, um Belohnungen langsam abzubauen. Jede Situation stellt andere Herausforderungen an deinen Hund, und es tauchen immer wieder verschiedene Ablenkungen auf. Wenn du den Rückruf nicht mehr verstärkst, dann wird sich dein Hund wieder mehr für tolle Schnüffelstellen, Wild oder fremde Hunde entscheiden. Das wäre schade.
Ich nutze die **Immerverstärkung** im Alltag, das heißt, ich belohne meine Hunde immer. Ich setze dafür aber unterschiedliche Belohnungen mit verschiedener Wertigkeit ein. Damit wird es für meine Hunde nie langweilig. Statt nur Futter zu erwarten, kann alles von unserer Belohnungsliste folgen. Damit verpasse ich nie eine gute Gelegenheit und sorge dafür, dass das Verhalten meiner Hunde stabil bleibt. Wenn meine Hunde ein Signal sehr gut beherrschen, nutze ich immer öfter minderwertige Belohnungen nach dem Markersignal. Die hochwertigen Belohnungen spare ich mir dann für den Aufbau von neuen Signalen und für meine wichtigsten Signale auf.

Das Markersignal beendet das Verhalten.

Gibst du das Markersignal und beginnst deine Belohnung, endet auch das Verhalten, das dein Hund vorher gezeigt hat. In manchen Fällen irritiert das aber den*die Hundehalter*in. Er*sie hat „Sitz“ gesagt, und der Hund hat sich hingesetzt. Dafür gibt es

das Markersignal, und die Belohnung startet. In dem Moment steht der Hund auf. Er soll doch aber sitzen. Er darf nicht aufstehen!
Doch, er darf, und er kann auch aufstehen. Immer wenn ein Hund ein Signal oder Kommando von allein auflöst, hat er dafür einen Grund. Nach dem Markersignal passiert das schnell, weil dein Hund sich auf die Belohnung freut und weil er sich gleich in die beste Position bringen will, um sie zu empfangen. Wenn du oft mit deinem Hund nach dem Markersignal spielst, dann wird dein Hund auf jeden Fall aufstehen. Er ist bereit für das Spiel. Möchtest du, dass dein Hund ein Verhalten länger zeigt, zögere dein Markersignal hinaus, und steigere einfach die Dauer des Verhaltens. Ich habe mich dazu entschieden, dass es für mich in Ordnung ist, wenn meine Hunde nach dem Markersignal ihr Verhalten von allein auflösen. Das Markersignal beendet das Verhalten, zumindest wenn meine Hunde das so wollen. Diese Klarheit hilft meinen Hunden und auch mir. Ich arbeite einfach separat an der Dauer bestimmter Verhaltensweisen und zögere dann das Markersignal hinaus. Außerdem betone ich bestimmte Verhaltensweisen durch die Gabe der Belohnung. Wenn ich meine Hunde für das Liegen im Platz oder ein bequemes Liegen belohne, gebe ich ihnen oft kleine Futterbelohnungen am Boden. Sie müssen also nicht aufstehen, wenn ich sie belohne. Die Belohnung kommt zu ihnen. Deshalb stehen sie beim Markersignal nicht auf, da sie wissen, dass das Energieverschwendung wäre. Statt Futter nutze ich in solchen Fällen auch Körperkontakt und stimmliches, ruhiges Lob.
Durch den Ort der Belohnung kannst du Verhaltensweisen wie Sitzen, Liegen o. Ä. zusätzlich betonen.

2

3

1. Nicht nur das Timing des Markersignals spielt eine Rolle.

2. Auch über den Ort der Belohnung gibst du deinem Hund eine Information.

3. Bei Leinenführigkeit solltest du immer direkt neben deinem Knie belohnen.

Es ist doch nicht alles positiv?

Auch wenn wir gern immer und überall nur mit positiver Verstärkung arbeiten würden, gibt es Momente, in denen das gar nicht möglich ist.

Auch Krallenschneiden kannst du in kleinen Schritten trainieren.

Wenn dein Hund sich unwohl fühlt, ihm etwas wehtut oder er Angst hat, dann verlassen wir den Bereich der positiven Verstärkung. Damit in so einem Moment zu arbeiten, ist nicht möglich, sobald dein Hund die Situation als unangenehm bewertet.

Versetze dich in die Lage deines Hundes: Du denkst vielleicht, dass das gar nicht so schlimm sei. Dein Hund hingegen bekommt Angst, wenn er nur die Krallenzange sieht. Auch wenn du deinem Hund nach dem Markersignal ein Leckerli für das Krallenkürzen gibst, hat das nichts mit positiver Verstärkung zu tun. Dein Hund ist froh und vor allem erleichtert, wenn es vorbei ist.

Im Sinne der Lerntheorie bewegst du dich dann im Bereich der negativen Verstärkung. Für viele Hunde gibt es im Alltag unangenehme Situationen. Wenn du deinem Hund in diesen unangenehmen Momenten hilfst und ihn unterstützt, beugst du Angst- und Aggressionsverhalten vor. Außerdem sorgst du dafür, dass dein Hund dir mehr vertraut. Du ersparst deinem Hund und dir Stress und sorgst dafür, dass ihr euren Alltag entspannter gestalten könnt.

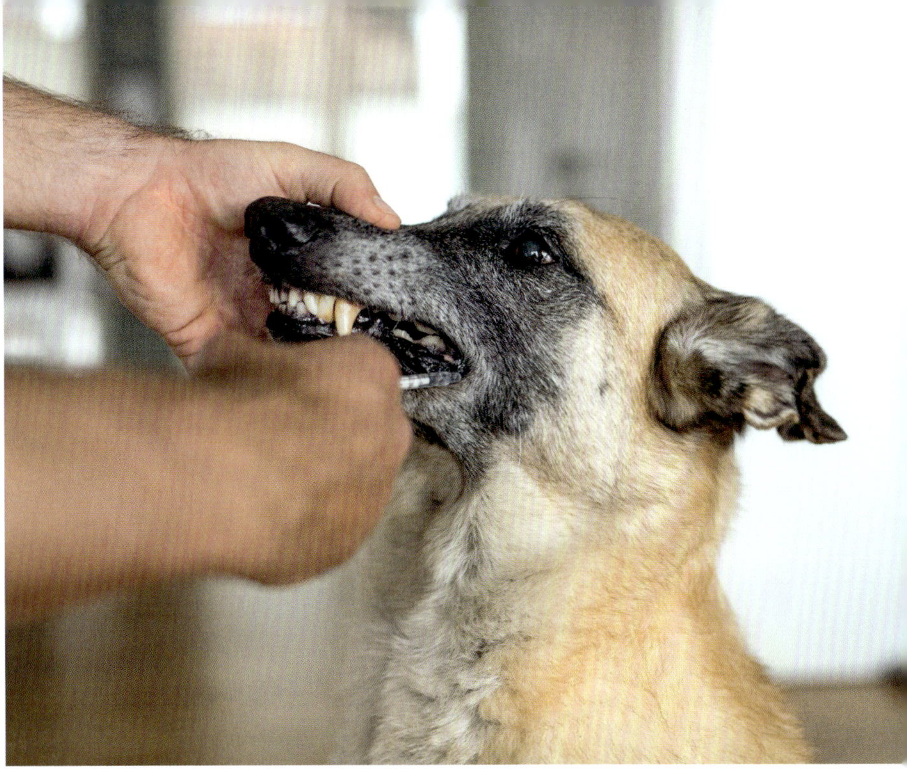

Wenn dein Hund die Medikamentengabe unangenehm findet, wird er beim nächsten Mal lieber fernbleiben.

UNANGENEHMES FÜR DEINEN HUND ANKÜNDIGEN

Jeder Hund muss von Zeit zu Zeit etwas Unangenehmes aushalten. Was Hunde als unangenehm empfinden, ist wiederum individuell. Manche Hunde mögen ein körperbetontes Spiel, andere ziehen sich sofort zurück oder schreien laut los, wenn sie merken, dass ein anderer Hund sie nur leicht berührt. Was als unangenehm empfunden wird, hängt nicht nur von Lernerfahrungen ab, sondern auch vom aktuellen Zustand des Hundes. Ist der Hund aufgrund einer Erkrankung stark gestresst, kann seine Reaktion empfindlicher ausfallen. Für manche Hunde ist schon das Anleinen unangenehm, weil der Mensch sich nach unten beugt, während sich andere auf den Besuch in der Tierarztpraxis freuen. Weißt du, was für deinen Hund unangenehm ist? Wovor versucht er, sich zu drücken, oder zeigt sehr subtil, dass er gerade keine Lust darauf hat? Wenn du erst bemerkst, dass dein Hund etwas unangenehm findet, wenn er sich unter dem Bett verkriecht oder nach deiner Tierärztin schnappt, wird der Umgang mit ihm viel schwerer.

DAS MACHT ES DEINEM HUND SOFORT LEICHTER

Für jeden Hund wird es leichter, wenn er weiß, wann das Unangenehme passiert und dass es wieder vorbeigeht. Bei einem Markersignal weiß dein Hund, dass gleich etwas Angenehmes für ihn folgt. Er fühlt sich sicher. Er weiß auch, dass er sich noch für ein oder zwei Sekunden gedulden muss, bis das Gute bei ihm ist. Bei einer Spritze weiß dein Hund nicht, was ihn erwartet. Er wird festgehalten, ist in einer fremden und vielleicht auch aufregenden Umgebung, fremde Menschen fassen ihn an, plötzlich tut

es weh und wird unangenehm. Deshalb ist es hilfreich, unangenehme Dinge, die immer wieder auftreten und deinen Hund stressen, unter Signal zu stellen. Du kannst ihm so mitteilen, welche Handlung auf ihn zukommt, und zeigst ihm auch, dass es wieder vorbeigehen wird.

Unangenehmes unter Signal stellen

Meine Hunde Ascii und Paco müssen beide täglich Schilddrüsenhormone nehmen. Diese werden in flüssiger Form ins Maul gespritzt, schmecken allerdings nicht besonders gut. Bei uns ist das Signal dafür: „Achtung, Spritze!“
Danach gehe ich zu den Hunden, schiebe die Spritze seitlich ins Maul und drücke die Flüssigkeit hinein. Im Anschluss gibt es das Markersignal und eine winzige Belohnung. Für Paco gibt es dieses Ritual seit über neun Jahren und bei Ascii seit über sechs Jahren. Ich habe das Signal für diesen Ablauf eingeführt, da Paco beim zweiten Versuch vor mir weglief, als ich die Spritze in der Hand hatte. Dank des Signals „Achtung, Spritze!“ war es ab dem vierten Mal kein Problem mehr. Mittlerweile ist das tägliche Ritual mit Ankündigung ein Highlight am Morgen, und Ascii und Paco können sich nicht entscheiden, wer zuerst dran ist.

Warum genau das dem Hund hilft

Vielleicht denkst du, es sei nicht klug, deinem Hund Bescheid zu geben, und dass es besser sei, ihn auszutricksen. Allerdings funktioniert Austricksen

Mit einer Ankündigung und etwas Training fällt es deinem Hund leichter.

bei den meisten Hunden nur einmal. Danach wissen sie, was Sache ist. Gerade bei unangenehmen Dingen, die du immer wieder tun musst, werden dir irgendwann die Ideen zum Austricksen ausgehen. Außerdem durchschaut dein Hund dich auch immer schneller, womit wir wieder bei der klassischen Konditionierung sind. Die Ankündigung der unangenehmen Handlung gibt dem Hund Informationen darüber, was genau mit ihm passieren wird. Das minimiert seinen Kontrollverlust, erspart ihm Angst und vermindert auch oft Frustration. Außerdem kannst du aggressives Verhalten verhindern, da du deinem Hund durch die Ankündigung die Möglichkeit gibst, zu reagieren. Stell dir vor, dein Hund hat starke Ohrenschmerzen, aber du bemerkst es nicht. Du möchtest ihm wie immer sein Geschirr anziehen – über den Kopf. Dabei berührst du seine Ohren und tust ihm noch mehr weh. Er könnte in diesem Moment ängstlich oder aggressiv reagieren. Durch ein Signal, mit dem du jeden Tag ankündigst, dass jetzt das Geschirr angezogen wird, hat dein Hund die Chance, wegzugehen, wenn er Schmerzen hat. Du würdest sofort bemerken, dass heute etwas nicht stimmt. Meine Hunde wissen natürlich nicht, was eine Spritze ist und wie sie funktioniert. Ich könnte statt „Achtung, Spritze!“ auch jedes Mal „Herzliche Erdbeere“ sagen, und es hätte den gleichen Effekt. Sie wüssten, dass ich nach „Herzliche Erdbeere“ mit der Spritze auf sie zukomme, ihnen diese ins Maul schiebe, die Flüssigkeit in ihr Maul drücke und die Spritze wieder herausziehe. Danach folgen das Markersignal und eine kleine Belohnung. Allerdings wäre das Signal „Herzliche Erdbeere“ für mich in den ersten Wochen schwerer zu merken.

So nutzt du es.

Wichtig ist, dass das Signal eine Ankündigung ist und erfolgen muss, **bevor** die unangenehme Sache beginnt. Aber ein Ankündigen ist auch kein Wundermittel, denn nur weil du plötzlich etwas vor einer unangenehmen Sache sagst, ist es für deinen Hund nicht sofort in Ordnung. Signale, um etwas Unangenehmes anzukündigen, helfen ihm nur, wenn er sie kennt. Wenn dein Hund schon große Probleme mit dem Bürsten, dem Krallenschneiden oder dem Geschirranziehen hat, solltest du dir von einem*r Trainer*in

Auch das An- und Ausziehen von Geschirr und Halsband kannst du üben.

zeigen lassen, wie du es Schritt für Schritt entspannter gestalten kannst. Ich beuge deshalb im Alltag gern vor und überlege mir immer, welche unangenehmen oder frustrierenden Dinge ich meinen Hunden ankündigen kann. Denn auch wenn meine Hunde das Anziehen von Geschirr und Mantel heute nicht als unangenehm empfinden, könnte es vielleicht irgendwann so sein.

Dinge, die du deinem Hund ankündigen könntest, können beispielsweise sein:

- Anleinen
- Anfassen an ungeliebter Stelle
- Ohren- oder Maulkontrolle
- Anheben der Pfoten zum Putzen
- Krallen schneiden
- Verband anlegen oder annehmen
- das Ende des Spiels bzw. Weglegen des Spielzeugs
- Kämmen und Bürsten
- nach Zecken absuchen oder Zecken entfernen
- Anziehen und Ausziehen von Halsband, Geschirr oder Mantel

Dein positives Markersignal ist das erste Signal, wenn es um Erwartungssicherheit geht. Es sagt deinem Hund zuverlässig etwas Angenehmes voraus und ist deshalb eine sehr gute Wahl, wenn du ihm in schwierigen Situationen vermitteln möchtest, was er gerade gut macht. Ich belohne es immer, wenn meine Hunde Unangenehmes ausgehalten haben. Auf diese Weise verknüpfe ich das Unangenehme immer noch mit positiven Gefühlen.

Kann ich Verhalten mit dem Markersignal unterbrechen?

Ein Markersignal kann eigentlich alles. Die Voraussetzung: Du weißt, was du tust und wie du damit Verhalten beeinflussen kannst.

Unerwünschtes Verhalten verhinderst du am besten mit Management.

Ja, du kannst Verhalten mit dem Markersignal unterbrechen. Allerdings kannst du die Situation schon vorher so beeinflussen, dass das unerwünschte Verhalten gar nicht erst auftreten muss. Bei einer Hundebegegnung setzt du das Markersignal nicht erst ein, wenn dein Hund schon in der Leine hängt und bellt, sondern bereits in dem Moment, in dem er den anderen Hund noch ruhig wahrnimmt. So wird es automatisch weniger Situationen in eurem Leben geben, in denen dein Hund unerwünschtes Verhalten zeigt. Das erspart euch beiden eine Menge Stress. Kommt es trotzdem zu unerwünschtem Verhalten, kannst du das Markersignal nutzen, um das Verhalten zu unterbrechen. Es bietet dir einen Notfallanker, um schwierige Situationen freundlich zu beenden. Wenn du z. B. auf einem engen Weg bist und ihr dicht an einem anderen Hund vorbeigehen müsst, bellt dein Hund vielleicht, obwohl du ihn vorher schon für ruhiges Anschauen belohnt hast. In solchen Momenten kannst du das Markersignal als Management nutzen.

Das heißt, du unterbrichst das Verhalten freundlich und schaffst ein kleines Zeitfenster, in dem du deinen Hund mit der Belohnung an dem anderen Hund vorbeiführen kannst. Keine Angst, du verstärkst das Bellen in diesem Moment nicht. Dein Hund bellt, weil er gerade von seinen Emotionen überwältigt wird. Mit dem Markersignal löst du eine positive Emotion aus und machst für ihn negative Emotionen wie Angst, Wut oder Frustration erträglicher. So verknüpfst du die Hundebegegnung mit etwas Gutem, und vielleicht wird es deinem Hund beim nächsten Mal schon leichter fallen, sich von dem anderen Hund abzuwenden.

Ein besseres Training ist aber, wenn dein Hund das unerwünschte Verhalten nicht erst zeigt und du ihm durch Management so hilfst, dass er in einer Hundebegegnung ruhig bleiben kann. Du bringst deinen Hund nur in die Nähe seiner Grenze, er überschreitet diese nicht. So kannst du schrittweise daran arbeiten, dass dein Hund ruhig und entspannt an anderen Hunden vorbeigehen kann. Für ungeplante Zwischenfälle, bei denen ich das Verhalten meiner Hunde unterbrechen will, nutze ich immer das Umorientierungssignal, das du im praktischen Teil dieses Buches findest (siehe Seite 130).

SO GEHT ES SCHIEF

Zeigt dein Hund ein unerwünschtes Verhalten, weil ihn etwas in der Umwelt stört und er in einem schlechten emotionalen Zustand ist, kannst du dein Markersignal und deine Belohnung so oft geben, wie du willst: Das unerwünschte Verhalten wird dadurch nicht stärker. Das liegt daran, dass dein Markersignal und deine vermeintlichen Leckerlis keine passenden Verstärker für das unerwünschte Verhalten sind. Dein Hund will nämlich etwas anderes: Die anderen Hunde sollen gehen. Der Donner soll aufhören. Die fremden Menschen sollen ihn nicht anfassen oder ansehen.

Bellt dein Hund dich umgekehrt an, weil er deine Aufmerksamkeit möchte, und du kommst auf die Idee, das Bellen mit dem Markersignal und einem Leckerli zu unterbrechen, dann wirst du das Bellen verstärken. Dein Hund wollte deine Aufmerksamkeit, und er hat sie bekommen. Die Strategie „Bellen" funktioniert und wird abgespeichert. In so einem Moment würde aber jede deiner Reaktionen gegenüber deinem Hund das Bellen verstärken. Deshalb solltest du wissen, welches Bedürfnis hinter dem Verhalten deines Hundes steckt, wie Verhalten entsteht und was es zusätzlich beeinflusst – außer Belohnung und Strafe.

Warte in schwierigen Situationen nicht darauf, dass dein Hund sich falsch entscheidet, sondern belohne gute Ansätze.

So entsteht Verhalten

Vielleicht hast du diesen Satz schon einmal selbst gesagt. Wenn nicht, kennst du ihn sicher: „Das macht er ja nicht immer.“

Beobachte nicht nur deinen eigenen Hund.

Das hat er ja noch nie gemacht.“ Diesen Satz habe ich erst diese Woche zu meiner Tierärztin gesagt. Paco, mittlerweile über zehn Jahre alt, krabbelte ihr mit den Vorderpfoten voran auf den Schoß, um sich ein Leckerli und Streicheleinheiten abzuholen. Unsere Tierärztin und ich fanden es witzig und sind froh, dass er gern die Praxis betritt und sich freut. Mittlerweile weißt du, wie du Verhalten bei deinem Hund mit einem Markersignal und Belohnungen verstärken kannst. Du weißt auch, dass dein Hund ein Verhalten aufgrund seiner Motivation in Abhängigkeit seiner Bedürfnisse zeigt. Nur gibt es noch mehr, was das Verhalten deines Hundes beeinflusst. Besonders wenn es um ungeliebte Verhaltensweisen geht, wollen wir wissen, wann es auftritt. An einem Tag klappt die Hundebegegnung problemlos, und am nächsten Tag regt sich der Hund auf – und wir überlegen, was wir falsch gemacht haben. Es ist normal, wenn dein Hund differenziert reagiert. Auch du bist nicht jeden Tag in der gleichen Verfassung. Und auch Hunde haben schlechte Tage.

Wenn dein Hund entspannt ist, hat er eine bessere Impulskontrolle.

VERÄNDERE DIE SITUATION, UND DU VERÄNDERST DAS VERHALTEN!

Verhalten ist immer von bestimmten Rahmenbedingungen abhängig. Ob dein Hund ein bestimmtes Verhalten zeigt, hängt davon ab, ob die Bedingungen dafür stimmen. Wenn du an diesen etwas veränderst, kannst du das Auftreten des Verhaltens wahrscheinlicher oder unwahrscheinlicher machen. Manche Hundehalter*innen fragen sich oft, ob sie gerade ein falsches Verhalten belohnt haben. War das Timing richtig? Mein Hund hat schon gebellt, als ich ihn belohnen wollte. So verschwindet das Bellen nie. Ich finde es fantastisch, wenn du das Training und den Umgang mit deinem Hund reflektierst und dir Gedanken über Timing und Belohnungen machst. Allerdings vernachlässigen wir dabei meist einen wichtigen Baustein: Verhalten entsteht nicht in einem luftleeren Raum und wird nicht nur durch die Belohnung oder Strafe beeinflusst. Du kennst das sicher auch von deinem eigenen Verhalten. Wenn du im Stau stehst und einfach schnell nach Hause willst, weil du hungrig bist, der Tag schlecht lief und es dich nervt, dass es nur langsam vorangeht, und wenn sich dann jemand vor dich drängeln will und du dieser Person den schlimmsten Gesichtsausdruck schenkst, schnell die Lücke mit deinem Auto schließt und danach laut fluchst, dann hatten einige Faktoren Einfluss auf dein Verhalten. Hättest du gute Laune gehabt, hättest du die Person vorgelassen und dir die Schimpfwörter gespart. Das gilt auch für deinen Hund. Wenn du verstehst, was das Verhalten deines Hundes beeinflusst, gewinnst du viele Möglichkeiten, sein Verhalten zu verändern und einzuschätzen.

Hat dein Hund großen Hunger, wird es schwerer sein, ihn von einer Futterfährte abzurufen. Ist er satt, wird es leichter.

Das Verhalten deines Hundes wird immer von seinen Ursachen und allen Faktoren beeinflusst, die der bestimmten Situation vorausgehen:

- Auslöser
- Gesundheit
- Stress und Hintergrundstress
- Erregung
- Frustration
- Erwartungen und Erfahrungen

Auslöser

Für jedes Verhalten gibt es einen passenden Auslöser. Wenn du das Signal „Sitz“ gibst und dein Hund sich hinsetzt, ist der Auslöser für sein Verhalten „Hinterteil auf dem Boden absetzen“ dein Wort „Sitz“. Zeigst du ihm deinen erhobenen Zeigefinger, und sein Hinterteil wandert Richtung Boden, ist der Auslöser dein spezifisches Handzeichen. Hat dein Hund gelernt, sich hinzusetzen, wenn er einen fremden Hund sieht, ist der Auslöser für das Sitzen der andere Hund. Springt dein Hund bellend in die Leine, wenn er fremde Hunde sieht, ist der fremde Hund der Auslöser. Wenn du also nicht möchtest, dass dein Hund in die Leine springt und bellt, könntest du andere Hunde meiden. Allerdings ist das unrealistisch und nicht dein Ziel. Es funktioniert aber sehr gut. Werde dir klar, dass du Einfluss auf Auslöser nehmen kannst, denn dann erhältst du mehr Handlungsspielraum. Wenn du mit deinem Hund an einem ungeliebten Verhalten trainieren möchtest,

dann schreib dir auf, welche Auslöser für das Verhalten verantwortlich sind. Außerdem solltest du dir möglichst viele Merkmale des Auslösers ansehen und ebenfalls notieren.
Am Beispiel Leinenaggression kann das so aussehen: Der Auslöser dafür sind fremde Hunde. Rüden, ab 10 Meter Entfernung, auf derselben Straßenseite, die direkt auf uns zukommen ... Du wirst niemals alles beschreiben können, da du nicht alles wahrnehmen kannst wie dein Hund, aber die Auslöser aufzuschlüsseln und zu ordnen, hilft dir bei der Planung deines Trainings. Du weißt, wann du deinen Hund noch belohnen kannst. Du weißt, wann dein Hund noch ansprechbar ist. Du weißt, wann du die Distanz vergrößern musst, um das ungeliebte Verhalten zu verhindern. So bist du in der Lage, die Auslöser zu sortieren, um kleinschrittig am Verhalten deines Hundes zu arbeiten.

Auch die gespannte Leine kann Einfluss auf die Begegnung haben.

Gesundheit

Wäre mein Hund Paco gesund, wäre er sicher der beste Hund auf der ganzen Welt. Leider macht uns seine Gesundheit oft einen Strich durch die Rechnung (egal, ich liebe ihn trotzdem). Damit meine ich nicht das Offensichtliche, dass er sich bei Magenschmerzen nicht gern hinsetzt und lieber etwas länger überlegt, sondern das Unwohlsein und den Stress. Wenn du schon einmal über einige Tage Schmerzen hattest, kannst du dich sicher daran erinnern, dass es Momente gab, in denen du schnell unleidlich warst und dich vielleicht kurz vergessen hast. Das macht dich nicht zu einem schlechten Menschen. Hunden geht es umgekehrt genauso, und sie können sich noch schlechter kontrollieren. Gesundheitliche Veränderungen nimmst du bei deinem Hund immer zuerst durch sein Verhalten wahr, denn er kann nicht mit dir darüber reden. Das gilt sowohl für gesundheitliche Verbesserungen als auch Verschlechterungen.
Berühre ich Pacos Bauch, wenn er Bauchschmerzen hat, kann es sein, dass er laut quiekt, leise knurrt oder aufsteht und geht. Ohne Bauchschmerzen lässt er sich sehr gern direkt am Bauch streicheln. In so einem Moment beginne ich nicht zu trainieren, dass er meine Hand an seinem Bauch „duldet", sondern gehe zu unserer Tierärztin. Ein Blick auf die Gesundheit des Hundes lohnt sich immer – ganz besonders, wenn dein Hund plötzlich sehr aufgedreht, ängst-

Bei Angst und Aggression solltest du immer die Gesundheit überprüfen. …

… Egal, wie jung oder alt der Hund ist.

Bei „Second Hand"-Hunden solltest du in den ersten Monaten Stress vermeiden.

lich oder aggressiv reagiert oder sich stark verändert hat. Auch wenn Hunde phasenweise sehr gute Laune haben und dann wiederum sehr schlechte, solltest du nicht im ersten Moment an Training denken, sondern deinen Hund besser gesundheitlich durchchecken lassen.
Sind gesundheitliche Ursachen für das Verhalten deines Hundes verantwortlich oder begünstigen es stark, wird auch das beste Training der Welt keine herausragenden Ergebnisse bringen.

Stress und Hintergrundstress

Mit Hintergrundstress ist all der Stress im Alltag gemeint, der deinen Hund belastet und negative Emotionen bei ihm auslöst. Stress ist für deinen Hund ein Problem, wenn er die stressigen Situationen nicht bewältigen kann oder sie als unangenehm empfindet. Situationen, die dein Hund nicht bewältigen kann, sind z. B. Angst vor Feuerwerk oder Trennungsstress. Er kann sich einem Feuerwerk nicht entziehen, und er kann dich nicht bis ins Büro verfolgen. Wenn dein Hund im Alltag mit Angstauslösern und/oder Trennungsstress zu kämpfen hat, ist das sehr belastend für ihn. Das kann Auswirkungen auf seine Leistungen in anderen Bereichen haben.
Pacos Bauchschmerzen führen auch zu Stress, wodurch er empfindlicher auf Knallgeräusche reagiert. Die aufflammende Geräuschangst und der steigende Hintergrundstress bewirken bei ihm recht schnell Trennungsstress. Gesundheitliche Probleme sorgen auch für Hintergrundstress. Ebenso ist der Einsatz ängstigender Strafen für viele Hunde im Alltag sehr belastend. Behalte die schwierigen Situationen für deinen Hund im Blick, und versuche, sie nach und nach zu bearbeiten, um die Lebensqualität zu erhöhen und den Hintergrundstress zu verringern. Durch unser Training ist Paco mittlerweile sehr stabil. Kleine Rückschritte können wir schnell wieder aufholen und fangen nicht immer wieder von vorn an.

Erschreckst du deinen Hund in angespannten Momenten durch Strafe, kann es das Fass zum Überlaufen bringen.

Beim Thema Hintergrundstress solltest du dir außerdem immer anschauen, ob du deinen Hund überlastest oder er unter Langeweile leidet. Da spielt auch die passende Beschäftigung eine Rolle. Ich habe bei meinen Kund*innen festgestellt, dass sie gut einschätzen können, was ihrem Hund Spaß macht. Nur manchmal passt das Umfeld nicht, in dem die Beschäftigung stattfindet.

Vor einigen Jahren kam eine Frau zu mir ins Training, weil ihre Hündin bei Hundesichtung ab einer Distanz von 20 Metern in die Leine sprang und stark bellte. Erst wenn der Hund wieder komplett aus dem Sichtfeld der Hündin verschwunden war, beruhigte sie sich. Bei direktem Hundekontakt schnappte sie immer nach den anderen Hunden. Die Hündin hat sehr gern mit ihrem Frauchen Hundesport gemacht und hatte viel Spaß am Lernen von Tricks. Deshalb waren sie auch drei- bis viermal pro Woche in einem Hundesportverein. Dieser Verein hat mit positiver Verstärkung gearbeitet, aber leider hat die Hündin bei jedem Besuch die anderen Hunde angebellt. Die Beschäftigung für sie war passend, das Umfeld war es nicht. Wir haben den Versuch gestartet, nur noch ein- oder zweimal pro Woche in den Verein zu gehen und als Ersatz allein zu Hause Nasenarbeit als Beschäftigung zu nutzen. Die Hündin liebte es, zu schnüffeln und draußen nach Futter zu suchen. Nach nur zwei Wochen waren die Ausraster, wenn sie andere Hunde gesehen hat, verschwunden. Eine Kombination aus Training am Verhalten und Stressreduktion war der Schlüssel. Der Hündin wurde der Stress erspart, den sie auf dem Hundeplatz durch die anderen fremden Hunde hatte. Sie konnte mit ihrem Frauchen ruhig an anderen Hunden vorbeigehen, und die Frau konnte ihre Hündin abrufen, wenn ihr ein anderer Hund zu nahe kam. Mensch und Hund waren damit glücklich.

Frustration

Frustration entsteht, wenn dein Hund etwas Angenehmes erwartet, es aber nicht bekommt. Er hat also ein Bedürfnis und kann es nicht ausleben. Natürlich passiert das allen Hunden jeden Tag. Es hat jedoch immer einen Einfluss auf das Verhalten deines Hundes – mal mehr, mal weniger. Passt die ausgewählte Beschäftigung nicht zu deinem

Hund, wird er frustriert sein, weil er sich nicht ausleben kann. Wenn dein Hund nichts lieber tut, als zu schnüffeln und seine Nase zu benutzen, wird es ihm nicht reichen, Tricks zu üben und am Fahrrad mitzulaufen. Oder du hast einen sehr lauffreudigen Hund, aber er muss immer neben dir gehen und hat nie die Chance, sich in seinem Tempo vollkommen frei zu bewegen. Oder du wirfst deinem Hund ein Spielzeug ins Wasser, aber er traut sich nicht zu schwimmen. Nach einigen Wiederholungen läuft dein Hund zu einem anderen Hund und knufft ihn in die Seite. Frustration schafft immer ein hohes Erregungsniveau und fühlt sich für deinen Hund unangenehm an. Diese Kombination begünstigt aggressives Verhalten bei Hunden (und auch bei uns Menschen – wir erinnern uns an den dichten Straßenverkehr zum Feierabend). Ein frustrierter Hund zeigt außerdem schnell Übersprungverhalten – es könnte sein, dass er sich kratzt, sich die Pfoten leckt, bellt, Kreise rennt, schnüffelt, aufreitet oder Ähnliches.

Erregung

Auch das Erregungslevel deines Hundes solltest du im Auge behalten. Dabei geht es nicht darum, deinen Hund immer auf Sparflamme zu halten.
Hohe Erregung, die durch Frustration ausgelöst wird, ist ein Problem, wie du schon im vorigen Punkt erfahren hast.
Wenn du das Erregungslevel deines Hundes durch Spielen in die Höhe treibst, ist das kein Problem. Schwierig wird es nur, wenn du das Spiel auf dem Höhepunkt einfach abbrichst. Sofort ist dein Hund frustriert, weil die schöne Sache schon zu Ende ist. Der Fehler ist nicht, deinen Hund hochzufahren, sondern seinen individuellen Bremsweg nicht mit einzurechnen. Hast du schon einmal mitten im Spiel die Playstation eines Kindes ausgeschaltet? Ich war als Kind frustriert, wenn ich bei „Super Mario“ gestorben bin. Noch schlimmer wäre es wahrscheinlich geworden, wenn mir jemand den Gameboy weggenommen und ausgemacht hätte.

Deinem Hund hilft es nicht, wenn du in schwierigen Situationen Druck machst.

Deine Kommunikation

Deine Signale und Kommandos, die du deinem Hund gibst, beeinflussen sein Verhalten in bestimmten Situationen ebenfalls.

Dein Hund sieht einen anderen Hund und ist gestresst. Du weißt, dass er in den nächsten zehn Sekunden bellen wird, und gibst ihm das Kommando „Sitz".

Dein „Sitz" hast du zwar mit Belohnungen aufgebaut, allerdings hast du das Hinterteil deines Hundes auf den Boden gedrückt oder geschimpft, wenn er sich nicht sofort hingesetzt hat. Das war deinem Hund unangenehm, aber immerhin hat es für dich funktioniert. In dem Moment, wenn dein Hund durch den anderen Hund gestresst ist und du das Kommando „Sitz" gibst, entsteht für deinen Hund eine schreckliche Situation. Er weiß, dass es für ihn unangenehm wird, wenn er sich nicht hinsetzt – aber er kann es nicht tun, da die Bedrohung immer weiter auf ihn zukommt. Dieser soziale Stressor verschlimmert die Situation für deinen Hund noch mehr, das Bellen wird sogar wahrscheinlicher. Im schlimmsten Fall reagiert dein Hund durch deine Kommunikation noch heftiger auf den fremden Hund. Denn an jedem deiner Signale und Kommandos hängen auch die emotionalen Erfahrungen, die dein Hund während des Aufbaus und während des Einsatzes

Wenn du dich wohlfühlst und dir sicher im Umgang mit deinen Signalen bist, dann wird es auch für deinen Hund leichter.

gemacht hat. Im Hundetraining wird oft von vergifteten Signalen oder vergifteten Kommandos gesprochen. Aufgrund klassischer Konditionierung löst die vergiftete Kommunikation bei deinem Hund negative Emotionen aus, die seine Lebensqualität beeinträchtigen und auf lange Sicht dein Training sabotieren. Deshalb musst du wissen, welche Signale und Kommandos was bei deinem Hund auslösen und wie sie sein Verhalten beeinflussen können. Außerdem musst du wissen, wie der Aufbau von Signalen und Kommandos Einfluss auf die Gefühlslage deines Hundes nimmt.

Dein Training sollte bei deinem Hund gute Emotionen auslösen.

Erwartung und Erfahrung

Die Erfahrung, die dein Hund in bestimmten Situationen schon gemacht hat, schafft bei ihm eine Erwartung. Wenn er gelernt hat, dass er die Situation meistern kann und es ihm währenddessen und danach gut geht, wird sicher alles so laufen, wie du dir das wünschst. Deinem Hund wird es dann sehr gut gehen.
Hat er andere Erfahrungen gemacht, wird er gestresst sein und vielleicht schon Angst davor bekommen, was passiert oder was du als Bezugsperson machst.
Emotionen spielen eine große Rolle, da sie das Verhalten bei deinem Hund aktivieren. Empfindet dein Hund Angst vor lauten Knallgeräuschen, wird er weglaufen, sich verstecken oder bei dir Schutz suchen – je nachdem, welches Verhalten ihm bisher geholfen hat. Wird keine Angst bei ihm ausgelöst, wird er auch keine der genannten Verhaltensweisen zeigen.
Versuchst du genau in dem Moment, wenn dein Hund Angst vor einem Knallgeräusch hat, ein „Sitz“ abzufragen, wird dein Hund es vielleicht nicht zeigen. Warum? Weil die Emotion Angst überwiegt und dein Hund sich in Sicherheit bringen will. Da spielen Kommandos wie „Sitz“ und alles, was darauf folgen kann, keine Rolle mehr. Deshalb ist es wichtig, durch Training bei Angst- und Aggressionsverhalten gute Emotionen gegenüber den Auslösern zu schaffen, damit Flucht und Vertreiben Neugier und Interesse weichen kann. Umso entscheidender ist, dass dein Training bei deinem Hund keine zusätzliche Angst auslöst.
Das Verhalten deines Hundes kannst du verändern, indem du ihm zeigst, was sich für ihn lohnt und was sich für ihn nicht lohnt. Das ist nicht immer leicht, weil die Umwelt nicht kontrollierbar ist und weil dein Hund entscheidet, was sich für ihn gelohnt hat und was nicht. Um Verhalten auf Dauer erfolgreich zu verändern, kannst du zusätzlich an den Rahmenbedingungen schrauben, die das Auftreten des Verhaltens wahrscheinlicher machen und es bedingen. Bisher haben wir alles sehr theoretisch betrachtet, daher solltest du dich jetzt mit der Praxis vertraut machen.

MIT MARKERSIGNALEN ERFOLGREICH

KOMMUNIZIEREN

Markersignal aufbauen

So baust du dein Markersignal in zwei Schritten auf. Leg einfach mit der folgenden Anleitung los und setz dein Markersignal direkt in den nächsten Tagen im Alltag und im Training ein.

Du brauchst keine Angst zu haben, etwas falsch zu machen. Beginn mit neuen Übungen immer in deinem Wohnzimmer oder an einem anderen Ort, an dem du und dein Hund euch wohlfühlt und es keine Ablenkungen und Zuschauer*innen gibt. Für dich und für deinen Hund wird zunächst alles neu sein, aber nur durch praktische Umsetzung wirst du im Markertraining Profi und kannst es dann auch in schwierigen Situationen einsetzen. Damit kommst du einem entspannten und glücklichen Leben mit deinem Hund ein großes Stück näher.

ENTSCHEIDE DICH FÜR EIN MARKERSIGNAL!

Werde dir klar, was dein Markersignal sein soll. Möchtest du einen Clicker nutzen oder lieber ein Markerwort? Ich empfehle dir immer mit einem Markerwort zu starten. Leg dafür ein einsilbiges Wort fest, das du gut aussprechen kannst. Besonders eignen sich: TAC, CLICK, JEP, TOP, JIP oder ähnliche Wörter.

BEREITE DICH VOR!

Um ein Markersignal mit deinem Hund aufzubauen und zu nutzen, brauchst du Belohnungen. Überleg dir deshalb ein paar Belohnungsmöglichkeiten. Schreib dir am besten eine Liste, die du dir bereitlegst, damit du nicht lange überlegen musst. Um ein Markersignal im Wohnzimmer aufzubauen, eignen sich Belohnungen wie Trockenfutter, besondere Leckerlis, eine Futtertube, stimmliches Lob, Spielzeug, Körperkontakt und der Zugang zu Orten, die der Hund mag (z. B. Garten, Sofa). Die Futterbelohnungen solltest du in eine Tasche packen. Bitte stell keine Schüssel auf den Tisch oder halte das Futter in der Hand. Im Training und Alltag mit deinem Hund wirst du keine Schüssel neben dir stehen haben oder immer Futter in der Hand halten. Denk bitte daran, nur Belohnungen zu nutzen, die dein Hund in diesem Moment mag und die zur Situation passen. Friert dein Hund schnell, wird er im Winter sicher nicht freudig in den Garten laufen, wenn du ihm nach dem Markersignal die Terrassentür öffnest.

Manche Hunde wollen nicht mit dem Training aufhören. Diese Hunde brauchen die Information, wann eine Übung vorbei ist.

ÜBE OHNE DEINEN HUND!

Bevor du dein Markersignal aufbaust, kannst du die Abläufe ohne deinen Hund üben. Das gibt dir Sicherheit und nimmt dir die Aufregung. Viele unserer Kund*innen haben Angst, etwas falsch zu machen. Eine Kundin hat sich vor vielen Jahren beim Aufbau des Markersignals in unserem Training den Fingernagel abgebrochen, weil sie zu schnell an die Futterbelohnung wollte. Erspar deinem Hund und dir die Aufregung, und übe zunächst ohne ihn.

Dein perfekter Ablauf

Gib dein Markersignal, und hol ein bis drei Sekunden danach das Futter oder Spielzeug aus der Tasche. Solltest du es nicht innerhalb von ein bis drei Sekunden schaffen, deinem Hund die Belohnung zu geben, ist das kein Problem. Überbrücke die Zeit am besten mit einem stimmlichen Lob. Auch dieses Vorgehen kannst du ohne deinen Hund üben. Wenn du diese Abläufe beherrschst, kannst du dich besser auf das Timing deines Markersignals konzentrieren.

Aufbau Schritt 1

Wenn du ein Markersignal aufbauen willst, sollte dein Hund wach, fit und aufmerksam sein. Wenn dein Hund sich nicht für dich interessiert, kannst du ihm nichts Neues beibringen. Auch ein Markersignal bringt da nichts. Falls dein Hund dir keine Aufmerksamkeit schenkt, such dir einen anderen Ort, an dem dein Hund dir gegenüber aufmerksam sein kann.

Ich beschreibe hier jetzt den Aufbau für das Markerwort. Falls du dich für den Clicker entschieden hast, dann clickst du, anstatt ein Markerwort zu sagen. Bitte nutz ein Markerwort und einen Clicker niemals gleichzeitig. Das wird deinen Hund nur verwirren.

1. Dein Hund steht, liegt oder sitzt vor dir.
2. Du sagst dein Markerwort und eine bis maximal drei Sekunden später belohnst du deinen Hund, z. B. durch Futter, kurzes Spiel, verbales Lob, Streicheln, Rauslassen in den Garten oder Ähnliches.

3. Das wiederholst du drei Mal.
4. Danach setzt du dich auf einen Stuhl, aufs Sofa oder auf den Boden und wiederholst das Ganze noch drei Mal.
5. Danach gehst du in einen anderen Raum und wiederholst das Ganze noch drei Mal.
6. Im Anschluss gibst du deinem Hund ein Fertig-Signal (z. B. sagst du „Ende“ oder „Fertig“) und legst die Belohnungen weg. (Behalte die Belohnungen nicht in der Tasche, weil das deinen Hund in der Wohnung dazu animieren würde, weiter mit dir trainieren zu wollen.)

Nach einer 10-minütigen Pause beginnst du wieder mit Schritt 2. Bitte ermögliche auch deinem Hund eine wirkliche Pause. Er muss nicht im „Sitz“ oder „Platz“ warten, sondern kann einer Tätigkeit nachgehen, die er gern mag. Was das ist, kannst du deinen Hund entscheiden lassen. Er darf sich hinlegen, spielen, aus dem Fenster schauen oder ein Schläfchen machen.

Aufbau Schritt 2

Auch für den zweiten Schritt solltest du dich mit Belohnungen ausstatten. Dein Hund sollte auch hier fit und bereit für eine Interaktion mit dir sein. Im zweiten Schritt des Aufbaus fragst du deinen Hund ein Signal oder Kommando ab und für die richtige Ausführung folgen das Markerwort und die Belohnung.

1. Du fragst ein Verhalten ab, das dein Hund schon sicher beherrscht und das ihm Spaß macht. Du solltest dir absolut sicher sein, dass dein Hund das Signal oder Kommando ausführen kann, wenn du es abfragst.

2. Nachdem du das Signal oder Kommando abgefragt hast, wartest du, ob dein Hund das Verhalten richtig zeigt.

1. Zeigt dein Hund das richtige Verhalten, gibst du dein Markersignal. Eine Sekunde später belohnst du ihn, z. B. durch Futter, kurzes Spiel, verbales Lob, Streicheln, Rauslassen in den Garten oder Ähnliches.

3. Davon machst du drei Wiederholungen. Anstelle der Wiederholungen kannst du auch ein anderes Verhalten auf Signal oder Kommando abfragen, wenn dein Hund dieses sicher beherrscht.

4. Danach gibst du deinem Hund ein Fertig-Signal (z. B. sagst du „Ende“ oder „Fertig“) und legst die Belohnungen weg.

Schritt 2 wiederholst du bitte an den nächsten zwei Tagen für jeweils drei Mal über den Tag verteilt. Und vergiss nicht: Nach deinem Markersignal folgt immer eine Belohnung für deinen Hund.

Auch für Futter-Fans dürfen es mal andere Belohnungen sein.

Dein Timing verbessern

Dein Hund soll „Sitz“ lernen und du gibst jedes Mal dein Markerwort, wenn er gerade wieder aufsteht? Durch ein gutes Timing lernt dein Hund genau, was du willst.

Du solltest wissen, welches Verhalten du bei deinem Hund sehen willst.

Auch dein Timing kannst du üben, ohne deinem Hund den Schlaf zu rauben. Falls du mit einem Clicker arbeitest, kannst du diesen verwenden. Nutzt du ein Markerwort, kannst du dieses sagen. Wenn du wie ich gern Serien schaust, weißt du, dass es in einigen Serien Dinge gibt, die sich wiederholen. Wenn du „The Simpsons“ schaust, kannst du jedes Mal dein Markersignal geben, wenn Homer zu sich selbst ärgerlich „Nein!“ sagt oder wenn in „The Walking Dead“ ein Zombie zu sehen ist. Falls du kein Serienfan bist, suche dir einfach auf YouTube Videos von anderen Hunden, die gerade trainiert werden, und nutze das als Timing-Training. Stell dir vor, du würdest mit diesem Hund trainieren und müsstest das Markersignal geben.

ÜBEN MIT DEINEM HUND

Dein Hund wird schnell verstehen, was es mit dem Markersignal auf sich hat. Du selbst kannst im Umgang immer besser werden, wenn du dein Markersignal in leichten Situationen einsetzt – und zwar täglich. Wenn du mit deinem Hund sowieso Signale wie „Sitz“, „Platz“, „Pfote“ oder Ähnliches übst, nutz ab heute das Markersignal in diesen Trainingseinheiten. Gib es immer genau dann, wenn dein Hund das gewünschte Verhalten zeigt.

Dein Timing kannst du durch Training schnell verbessern.

Überlege dir also vorher genau, was dein Hund nach den Signalen oder Kommandos tun soll, wie z. B.:

- **„Sitz"** Hund setzt sein Hinterteil aus dem Stehen heraus für mindestens eine Sekunde am Boden ab.
- **„Platz"** Hund legt Hinterteil und Vorderbeine für mindestens eine Sekunde auf dem Boden ab.
- **„Pfote"** Hund legt linke Pfote für mindestens eine Sekunde in die Mitte deiner linken Handfläche.

In dem Moment, in dem dein Hund das richtige Verhalten ausführt, gibst du dein Markersignal. So kannst du dein Timing und deine Beobachtungsgabe üben und verbessern. Auch draußen beim Spaziergang kannst du dir leichte Situationen zum Üben suchen. Guckt dein Hund manchmal zu dir, wenn du unterwegs bist? Dann nutz diese Situationen, um den Blick deines Hundes einzufangen. Gib dein Markersignal immer genau in dem Moment, in dem dein Hund zu dir schaut.

Erst der Marker, dann die Belohnung

Der größte Fehler und Schwachstelle im Markertraining: Die Belohnungen kommen erst zum Vorschein, nachdem du das Markersignal gegeben hast. Futterbelohnungen sollten in der Hosen- oder Futtertasche verstaut bleiben.

Die Belohnung bleibt in der Tasche und folgt nach dem Marker.

Du hast immer drei Sekunden Zeit, mit der Belohnung zu beginnen. Bitte verwechsle den Beginn aber nicht mit dem Zeitpunkt, wenn dein Hund schon fressen, spielen oder schnüffeln darf. Die Belohnung beginnt nämlich bereits mit deinem Verhalten, wenn du z. B. in die Futtertasche greifst oder den Ball rausholst.
Sie muss also nicht in der ersten Sekunde bei deinem Hund sein. Wenn du dein Markersignal gegeben hast, solltest du innerhalb von ein bis drei Sekunden mit der Belohnung starten. Das bedeutet, du bewegst die Hand zur Futtertasche, sprichst das verbale Lob, holst das Spielzeug heraus und so weiter.

DAS MARKERSIGNAL VERSCHAFFT DIR ZEIT

Dein Markersignal ist genau dafür da, um dir etwas mehr Zeit zu verschaffen. Bitte achte darauf, dass du erst das Markersignal gibst und **danach** mit der Belohnung anfängst. Wenn du deine Hand schon vorher in die Tasche steckst, hört dein Hund nicht mehr auf dich, und das Timing wird schlechter. Das Markersignal kündigt dem Hund an, dass eine Belohnung folgt. Deshalb beginne mit der Belohnung erst ein bis drei Sekunden nach deinem Markersignal. Deine Hand bewegt sich auch erst dann zur Belohnung.

Markersignale im Einsatz

So kannst du dein Markersignal im Alltag nutzen und gewünschtes Verhalten beim Hund wahrnehmen. Nutz dein Markersignal im Alltag, auf den normalen Spaziergängen, bei der Beschäftigung mit deinem Hund und in gezielten Trainingseinheiten.

Jedes Mal, wenn du dein Markersignal nutzt, wird es stärker. Dein Hund macht jedes Mal die Erfahrung, dass nach dem Markersignal eine Belohnung folgt. Das gibt ihm Sicherheit und löst bei ihm Vorfreude aus. Klassische Konditionierung wirkt auch bei dir. Deshalb hat dein Gehirn euer Markersignal mit einer guten Stimmung verknüpft. Du nutzt es schließlich immer, wenn dein Hund ein Verhalten zeigt, das du magst. Wenn ich schlechte Laune habe und mit meinen Hunden unterwegs bin, geht es mir sofort besser, wenn ich unser Markersignal sage und meine Hunde belohne. Meine Laune bessert sich, und ich kann wieder klarer denken. Statt mich aufzuregen oder noch schlechter gelaunt zu sein, kann ich Lösungen finden. Das hilft auch meinen Hunden, da ich sie besser unter-

1

stützen kann und mich nicht wie ein wütendes Rumpelstilzchen aufführe. Meine größte Herausforderung ist in solchen Momenten, das Markersignal zu nutzen und nicht einfach nur stumm den Gassigang mit meinen Hunden fortzusetzen. Aber wenn ich dennoch das Markersignal gebe und meine Hunde belohne, merke ich immer wieder, wie gut mir das in diesem Moment tut. Vielleicht kennst du das auch: Bewegung tut dir sehr gut, aber das spürst du erst so richtig, wenn du dich bewegst. In diesem Moment bist du davon überzeugt. Wenn du aber faul im Bett liegst, kostet es dich viel Überwindung, Yoga oder Sport zu machen.

Mit dem Markersignal kannst du alles mit deinem Hund erreichen und zu einem gemeinsamen entspannten, glücklichen und auch gesunden Leben beitragen. Umso wichtiger ist es, dass du das Markersignal jederzeit nutzen kannst und dir nichts im Weg steht. Deshalb sorg dafür, dass du genau weißt, wie du das Markersignal einsetzen kannst, und schaff Erfolgserlebnisse. Freu dich darüber, wenn du es verwendet hast und über das, was dein Hund zusammen mit dir geschafft hat.

1. Das Markersignal gibt es für das Stehenbleiben und Warten.

2. Dann geht der Mensch zurück und belohnt den Hund.

2

DU BIST EINSTEIGER*IN?

Falls du vor diesem Buch noch nie etwas von Markersignalen gehört hast und sie jetzt zum ersten Mal einsetzen wirst, dann möchte ich dir gratulieren und freue mich für dich und deinen Hund. Mit einem Markersignal und Belohnungen bist du immer auf der richtigen Spur. Das Einzige, was dich jetzt noch aufhalten kann, bist du selbst. Wenn du jetzt nicht anfängst, ein Markersignal aufzubauen und zu nutzen, bleibt der Erfolg aus. Du wirst nur ein Profi im Umgang mit Markersignalen, wenn du sie nutzt – und das über viele Wochen. Du kennst sicher das Beispiel von den Profimusiker*innen oder Sportler*innen, die erst nach 1000 Stunden Üben so gut geworden sind, wie sie jetzt sind. Die meisten bekannten Sportler*innen, die Geschichte schreiben, beginnen in jungen Jahren und verschreiben sich ihrem Sport. Du musst nicht dein ganzes Leben dem Markersignal widmen, aber wenn du ein Profi werden willst, solltest du jetzt anfangen. Ich stelle oft fest, dass die Macht des Markersignals unterschätzt wird, weil wir lieber nach einer besseren und schnelleren Lösung suchen. Nur gibt es keine Geheimwaffe, die sofort alles bei Verhaltensproblemen ändern wird. Wenn du aber ein Profi im Markertraining bist, kannst du nur mit einem Markersignal jedes Verhaltensproblem ändern.

Beim Fußlaufen kannst du mit dem Marker verschiedene Momente betonen: die Position, die Dauer oder die schnelle Reaktion.

VERHALTEN ABFRAGEN

Die erste Möglichkeit, dein Markersignal zu nutzen, ist der Einsatz bei Signalen und Kommandos. Du fragst ein Signal oder Kommando bei deinem Hund ab und wartest auf seine Reaktion. Zeigt dein Hund die richtige Reaktion im passenden Zeitfenster, folgen das Markersignal und die Belohnung. Du fragst ein „Sitz“ ab, und dein Hund bewegt sein Hinterteil innerhalb von zwei Sekunden zum Boden und setzt es ab. Dafür gibst du das Markersignal und belohnst ihn. Fragst du das „Sitz“ ab und er gibt dir eine Pfote oder braucht 45 Sekunden, um sein Hinterteil Richtung Boden zu bewegen, gibst du kein Markersignal, und es folgt auch keine Belohnung. So lernt dein Hund, welche Reaktionen richtig sind, und er lernt, auf welche Reaktionen eine Belohnung folgt. Was richtig und falsch ist, interessiert deinen Hund nicht. Das kann er nicht erkennen und auch nicht darüber reflektieren. Er lernt nur, welche Reaktionen etwas Angenehmes oder Unangenehmes zur Folge haben.

MARKERSIGNAL VERGESSEN?

Wenn das Markersignal für dich noch neu ist, bleib ganz entspannt, falls du es einmal vergisst. Denn wenn dir schon auffällt, dass du es vergessen hast, ist dies der erste Schritt, um es überall im Alltag und im Training zu nutzen. Schreib dir kleine Spickzettel, die du in deinem Haus oder auch in deinem Auto verteilst, damit du immer wieder an das Markersignal erinnert wirst. Nach wenigen Wochen wirst du es nicht mehr vergessen und überall einsetzen.

Exaktes Training

Möchtest du, dass dein Hund schnell ins Sitzen kommt oder dass dein Hund die Pfote genau in deiner Hand ablegt oder dass er beim Rückruf schnell auf dich zurennt? Dafür ist es wichtig, dass du dir in jeder Trainingseinheit überlegst, woran du mit deinem Hund trainieren willst und was dein Ziel ist. Der Moment, in dem du dein Markersignal gibst, wird mit der Belohnung verknüpft. Stell dir vor, du machst ein Foto von genau diesem Moment und hältst ihn damit für die Ewigkeit fest. Durch Wiederholungen und passende Belohnungen wird auch das Gehirn deines Hundes an diesem Moment festhalten. Entscheide dich in Trainingseinheiten, auf welche der folgenden Punkte du dich konzentrieren willst.

Dauer steigern

Wahrscheinlich gefällt es dir, wenn dein Hund sich nicht nur für eine Sekunde hinsetzen kann, sondern auch länger. Nur weil dein Hund gelernt hat, sein Hinterteil Richtung Boden zu bewegen und dort abzusetzen, kann er nicht fünf Minuten sitzen bleiben. Dank des Markersignals kannst du mit deinem Hund ganz einfach an der Dauer von Signalen und Kommandos arbeiten. Dazu zögerst du die Gabe des Markersignals weiter hinaus. Schafft dein Hund das „Sitz“ bisher sicher für eine Sekunde, dann zögerst du das Markersignal beim nächsten Mal für zwei Sekunden hinaus und gibst es erst, wenn die zwei Sekunden vorbei sind. Solltest du dich einmal verschätzen und dein Hund schafft die Dauer noch nicht, dann ist das in Ordnung. Du hast zu viel erwartet, und dein Hund konnte es noch nicht. Starte einfach einen neuen Versuch, und verlange etwas weniger von deinem Hund. Bring in dieses Training Struktur: Notier dir dazu immer wieder deine Ziele und was du mit deinem Hund in den einzelnen Trainingseinheiten erreicht hast. Dadurch weißt du immer, wo dein Hund steht. Und du weißt, an welcher Position, in welcher Situation oder an welcher Ablenkung ihr noch weiter trainieren müsst.

1. Mit dem Markersignal kannst du ruhige Tricks trainieren, wie Kopf ablegen.

2. Aber auch verschiedene Bewegungsabläufe kannst du Schritt für Schritt aufbauen.

1

2

Exakte Position

Nicht immer ist eine exakte Position notwendig. Ob die Pfote in der Mitte der Handfläche liegt oder eher am Rand, spielt für mich persönlich keine Rolle. Nur möchtest du sicher, dass dein Hund bei „Sitz“ sitzt und bei „Platz“ auf dem Boden liegt. Beim Rückruf ist dein Ziel, dass dein Hund auf direktem Weg möglichst schnell zu dir rennt. Er soll nicht an dir vorbeirennen und den nächsten Hund begrüßen. Der Moment, in dem du dein Markersignal gibst, betont die Position und Körperhaltung, in der dein Hund sich befindet. Bleiben wir beim Rückruf: Läuft dein Hund schnell auf dich zu und du gibst dabei das Markersignal, betonst du das Laufen in deine Richtung. (Die Belohnung gibt es dann bei dir.) Gibst du das Markersignal erst, wenn dein Hund vor dir stehen bleibt, nachdem er auf dich zugerannt ist, und du belohnst ihn, betonst du das direkte Stehenbleiben vor dir nach dem Rückruf. Beides ist richtig, nur betont es unterschiedliche Teile des Rückrufs. Möchtest du eine bestimmte Position betonen, solltest du deinem Hund die Belohnung auch in dieser Position geben. Wenn du ein „Platz“, also am Boden liegen als Position, verstärken willst, gibst du deinem Hund das Leckerli am Boden. Du legst es einfach auf den Boden vor seine Nase. So bleibt dein Hund in der Position und lernt, dass es sich nicht lohnt, aufzustehen.

Schnelligkeit

Du sagst „Platz“, und schon liegt dein Hund auf dem Boden. Es hat nur eine Millisekunde gedauert. Wir mögen schnelle Reaktionen unserer Hunde, denn es sieht gut aus und erfüllt uns mit Stolz.

Dein Hund soll länger im Platz liegen? Dann gib die Belohnung vor ihm auf dem Boden.

Wenn dein Hund aufstehen muss, um sich die Belohnung zu holen, ist er sofort für die nächste Wiederholung bereit.

Nicht jeder Hund schafft es, sich in einer Sekunde auf den Boden zu legen – nicht jeder Hund ist anatomisch oder aus gesundheitlichen Gründen dazu in der Lage. Aber es ist auch nicht notwendig, dass jeder Hund jedes Signal oder Kommando schnell ausführt. Wenn du aber die Schnelligkeit in der Reaktion deines Hundes verbessern willst, kannst du auch das mithilfe deines Markersignals herausarbeiten. Möchtest du, dass dein Hund bei „Sitz" schnell sein Hinterteil Richtung Boden bewegt, gibst du das Markersignal, wenn dein Hund in die Bewegung geht. Du wartest nicht darauf, dass dein Hund sitzt und diese Position hält, sondern du bestätigst die Bewegung des Hinterteils Richtung Boden. In solchen Trainingseinheiten ist es sinnvoll, mit kleinen Futterbelohnungen zu arbeiten, um rasch Wiederholungen zu schaffen. Du solltest die Belohnung auf den Boden werfen, damit dein Hund wieder in eine stehende Ausgangslage kommt. Dadurch kannst du sofort das nächste „Sitz" abfragen und die nächste Wiederholung starten. Für viele Hunde ist es verwirrend und für manche sogar stressend, wenn wir sie nach einem „Sitz" wieder in eine stehende Position bekommen wollen. Das ist übrigens auch eine sehr gute Timing-Übung für dich, wenn du die schnelle Reaktion deines Hundes mit dem Markersignal einfängst.

VERHALTEN AUFBAUEN

Dein Hund soll etwas Neues lernen? Auch dabei hilft dir das Markersignal, weil du deinem Hund exakt vermitteln kannst, worum es geht. Es gibt viele Möglichkeiten, deinem Hund ein neues Signal oder Kommando beizubringen. Bevor du aber ein Signal oder Kommando einführen kannst, sollte dein Hund zuerst das neue Verhalten ausführen können. Kann dein Hund sein Hinterteil noch nicht Richtung Boden bewegen und es absetzen, bringen dir das Wortsignal „Sitz" oder ein Handzeichen nichts. Vielleicht kennst du die Menschen, die mit „Sitz, Sitz, Siiiiitz, Siitz, Sitz!" auf den Hund einreden. Anscheinend hat das wiederholte Wortsignal nichts damit zu tun, dass der Hund sich hinsetzt. In vielen Fällen hast du damit recht, denn der Hund muss das Verhalten und den Bewegungsablauf erst lernen, vor allem wenn es sich um eine Verhaltensweise oder Bewegung handelt, die er von allein nie oder nur sehr selten zeigt. Es gibt in der Theorie einige Möglichkeiten, um neues Verhalten aufzubauen. Praktisch können wir diese Möglichkeiten nicht immer eindeutig voneinander trennen. Ich möchte dir an dieser Stelle nur zwei bzw. drei Möglichkeiten nennen, mit denen du Verhalten mit einem Markersignal erfolgreich aufbauen kannst.

Auch beim Locken solltest du in kleinen Schritten vorgehen.

Locken

Ich nutze oft das Beispiel „Sitz“, wenn es um ein Verhalten geht, das der Hund lernen soll oder schon kann. Irgendwie ist dieses Kommando immer das erste, das Hunde lernen. In jeder Welpenstunde sehen wir Welpen, die mit Futter vor der Nase ins „Sitz“ gelockt werden – und es funktioniert, zumindest fast immer.

Locken ist eine der verbreitetesten Methoden, um Hunden Neues beizubringen. Außerdem ist es eine einfache und schnelle Möglichkeit. Du brauchst nur etwas Futter, für das dein Hund bereit ist, mitzuarbeiten, und du musst wissen, was du willst. Welches Verhalten soll dein Hund zeigen, und wie bekommst du ihn über Locken genau da hin? Denn auch beim Locken solltest du dir das Trainingsziel in kleine Etappen einteilen. Nicht jeder Hund setzt sich sofort hin, nur weil du ein Leckerli über seine Nase hin zur Stirn führst. Manche Hunde laufen einfach rückwärts oder knicken etwas mit den Hinterbeinen ein. Beobachte deinen Hund beim Locken deshalb genau, und belohne ihn zu Beginn auch für Zwischenschritte.

Das Markersignal kannst du beim Locken einsetzen und geben, wenn dein Hund das zeigt, wofür du ihm das Leckerli freigeben willst. Im besten Fall denkst du jetzt: „Das ist falsch, denn die Belohnung kommt immer erst nach dem Markersignal

zum Vorschein und ist nicht schon in der Hand!“ Damit hast du vollkommen recht, aber beim Locken ist das Leckerli die Hilfe zum Aufbau eines neuen Verhaltens. Da ist es ausnahmsweise erlaubt, das Futter schon in der Hand zu halten. Das Lockmittel sollte dennoch so schnell wie möglich abgebaut werden, sobald der Hund verstanden hat, welches Verhalten er zeigen soll.
Lässt du das Lockmittel nicht irgendwann weg, wird dein Hund das Verhalten auf Dauer nur mit Lockmittel zeigen können. Erst wenn er das Verhalten ohne Lockmittel beherrscht, kannst du ein Wortsignal oder Handzeichen dafür einführen.

Shapen

„Shapen“ bedeutet grundsätzlich das Formen von Verhalten. Das Verhalten, das der Hund lernen soll, wird dabei in möglichst kleine Schritte zerlegt und mit einem steigenden Schwierigkeitsgrad geübt, wie z. B. wenn ein Hund lernen soll, einen Gegenstand zu apportieren und dem Menschen in die Hand zu legen. Sollte der Hund dieses Verhalten von allein zeigen, braucht es auch kein Shaping. In der Hundewelt wird der Begriff „Shapen“ auch oft für das freie Formen von Verhalten genutzt („Free Shaping“). Dabei darf der Hund sich das Verhalten selbst erarbeiten. Es gibt keine Lockmittel. Beim Shapen erhält der Hund generell keine Hilfen durch seinen Menschen – außer mit dem Markersignal und einer Belohnung, die die richtige Reaktion einfangen. Oder es folgt kein Markersignal und der Hund weiß, dass er es weiter versuchen muss. Es ist in etwa vergleichbar mit Topfschlagen. Es gibt nur die Hinweise „Warm“ und „Kalt“. Das Markersignal mit der Belohnung zeigt die „warme“ Richtung an, und wenn es ausbleibt, dann ist es „kalt“. Wenn du aber nicht weißt, wo der Topf steht, wird dein Hund auch nicht wissen, wo er hinmuss. Früher beim Topfschlagen stand der Topf immer im gleichen Zimmer.
Er war nicht irgendwo im Haus versteckt, und nur die Eltern wussten, wo. Beim Shapen sind gutes Timing und der Ort der Belohnung wichtig, aber noch wichtiger ist, dass du dir das Verhaltensziel in kleine Schritte zerlegst und deinen Hund auf diesem Weg begleitest. Du navigierst deinen Hund und solltest dir über die passende Trainingsumgebung Gedanken machen. Erst wenn dein Hund das Verhalten beherrscht, kannst du ein Wortsignal oder Handzeichen dafür einführen.

Beim Shapen wartest du darauf, was dein Hund dir anbietet.

VERHALTEN MIT DEM MARKERSIGNAL EINFANGEN

Das ist die dritte Möglichkeit, um mit dem Markersignal Verhalten bei deinem Hund aufzubauen. Für mich ist diese Möglichkeit der Heilige Gral, weil sie so einfach umzusetzen ist und selbst bei Verhaltensproblemen überall von dir angewendet werden kann. Du brauchst kein Lockmittel und auch keinen exakten Plan wie beim Shapen. Du kannst damit sofort heute anfangen und wirst damit auch dein Timing, deine Beobachtungsgabe und deine Trainingsfähigkeiten trainieren.

Zeigt dein Hund für einen Moment ein gutes Verhalten, dann fange es ein.

So fängst du Verhalten ein.

Wenn du deinen Hund dabei ertappst, wie er etwas macht, was dir gefällt, gibst du dein Markersignal und belohnst ihn. Klingt einfach, oder? Genau das Gleiche machst du beim Shapen und Locken, nur dass du beim Einfangen von Verhalten einfach darauf achtest, was dein Hund von allein gut macht. Und da sind wir auch schon beim größten Problem angelangt: Wir Menschen achten im Normalfall oft nur auf das, was uns stört. Manchmal warten wir sogar regelrecht darauf. Du denkst beispielsweise: „Achtung, gleich springt er in die Leine!“ Dass dein Hund gerade noch an lockerer Leine neben dir steht und sich ruhig verhält, wird ausgeblendet, denn schließlich folgt im nächsten Moment das unerwünschte Verhalten. Unsere Säugetiergehirne registrieren so etwas vermehrt, und unsere Kultur ist besonders durch Fehler geprägt. Die gute Nachricht ist aber, dass du lernen kannst, dich auf das gute Verhalten deines Hundes zu konzentrieren. Und das Beste ist: Wenn du dich auf diesen Weg machst, wird dein Hund wie von Zauberhand auch immer mehr gutes Verhalten zeigen – nicht nur weil du es mit deinem Markersignal und einer passenden Belohnung verstärkst, sondern weil du es überhaupt wahrnimmst.

Überleg dir deshalb, was du bei deinem Hund mehr im Alltag sehen willst. Schreib dir am besten eine Liste:

- Dein Hund schaut dich an.
- Dein Hund bleibt ruhig, wenn andere Hunde bellen.
- Dein Hund bleibt stehen, wenn er eine Katze sieht.
- Dein Hund geht mit dir an lockerer Leine an anderen Hund vorbei.
- Dein Hund kommt freiwillig und ohne Rückruf zu dir zurück.
- Dein Hund liegt auf seinem Platz, während du isst.
- …

Wenn dein Hund freiwillig zu dir läuft, dann kannst du das mit deinem Markersignal einfangen.

Vielleicht schafft dein Hund nicht alles von dieser Liste zu zeigen, das ist in Ordnung. Dann fang mit den Verhaltensweisen an, die dein Hund zeigen kann, und beginn diese wahrzunehmen, mit dem Markersignal einzufangen und zu belohnen. Je öfter dein Hund sich für diese Verhaltensweisen entscheidet, umso weniger wird er Verhalten zeigen, das ihn selbst stresst.

UND JETZT LOS!

Um dein neues Markersignal schneller in deinen Alltag zu integrieren, kannst du dich jetzt vorbereiten. Auch wenn du schon länger ein Markersignal nutzt, mach am besten trotzdem mit. Überleg dir vor dem Spaziergang oder eurer Trainingseinheit, welche Verhaltensweisen deines Hundes du mit dem Markersignal einfangen und belohnen willst. Wenn du dir das nur für ein paar Sekunden überlegst, wirst du mehr Klarheit haben und es wird dir leichter fallen, das Verhalten wahrzunehmen.

Wenn dir noch nicht so viel einfällt, was du mit dem Markersignal einfangen und belohnen könntest, dann schreib dir wieder eine Liste.

1. Schreib dir fünf oder mehr Verhaltensweisen auf, die du einfangen willst, wenn dein Hund sie freiwillig zeigt. Es sollten Verhaltensweisen sein, die du gern öfter sehen würdest oder die du festigen möchtest, z. B.:
- stehen bleiben am Waldrand
- an der lockeren Leine gehen
- freiwillig zu dir schauen
- freiwillig zu dir zurücklaufen
- stehen bleiben bei Wildsichtung
- stehen bleiben bei Hundesichtung
- freiwilliges Warten, wenn ein Fahrrad an euch vorbeifährt
- freiwilliges Bringen von Spielzeug

Du kannst dich auch immer nur auf ein Verhalten konzentrieren, falls dir keine fünf oder mehr Verhaltensweisen einfallen oder dein Hund noch nicht so weit ist. Markiere und belohne dieses Verhalten einfach mehrmals.

Dein Hund soll auch Hund sein dürfen. Dafür brauchst du ein Fertig-Signal.

2. Schreibe zusätzlich Signale und Kommandos auf, die dein Hund auf einem entspannten Spaziergang zeigen kann. Dann kannst du diese beim Spazierengehen abfragen und die richtige Ausführung mit dem Markersignal einfangen und belohnen, z. B.:

– „Sitz"
– Rückruf
– Tricks
– …

Wenn dein Hund noch keine Signale beherrscht, ist das nicht schlimm. Dann konzentrier dich nur auf das Verhalten, das dein Hund von allein zeigt.

DAS FERTIG-SIGNAL

Meine Hunde sind überaus motiviert. Sie haben Lust auf Interaktion und lieben Belohnungen. Deshalb brauchen sie unbedingt die Information, dass die Interaktion mit mir beendet ist. Vor allem für meinen Hund Paco ist das wichtig.
Er hatte viel Angst in seinem Leben und deshalb auch weniger Interesse an der Umwelt. Für ihn ist es schöner, mit mir in Interaktion zu sein, denn da fühlt er sich sicher. Seine Ängste sind mittlerweile sehr viel kleiner geworden, und trotzdem bleibt er lieber bei mir. Mit dem Fertig-Signal kann ich ihm zeigen, dass ich jetzt wieder mein Ding mache und von mir nichts mehr kommt.
Manche Hunde interessieren sich nicht dafür, was ihre Menschen machen. Es gibt aber auch Hunde, die nicht genug bekommen und nervig oder aufdringlich werden. Dabei gibt es viele Situationen, in denen die Hunde etwas von uns erwarten und wir sie einfach stehen lassen. Mit einem Fertig-Signal kannst du deinem Hund zeigen, dass

Deinen Hund zu ignorieren, bedeutet: den Hund nicht mehr anschauen, nicht mehr mit ihm sprechen, weitergehen oder sich einer anderen Sache zuwenden.

von dir jetzt erst mal nichts mehr kommt. So vermeidest du auf Dauer Frust, weil du klar kommunizierst.
Ich nutze das Fertig-Signal nach Trainingseinheiten, damit meine Hunde wissen, dass sie vorbei sind. Ich nutze es aber auch, wenn meine Hunde Streicheleinheiten oder Aufmerksamkeit wollen und ich keine Zeit habe. Außerdem nutze ich es mittlerweile auch, wenn die Belohnung mit Futter vorbei ist, denn jetzt im hohen Alter ist meinen Hunden Futter noch lieber als früher.

Aufbau und Anwendung

Das Fertig-Signal wird genauso aufgebaut, wie es angewendet wird. Ich nutze als Fertig-Signal den Satz „Wir sind fertig!“ und halte dabei meine Handflächen vor meinen Körper und ziehe sie auseinander.

1. Du gibst dein Fertig-Signal.
2. Du packst die Belohnungen ein. (Futtertasche schließen, Spielzeug verstauen, ggf. Clicker wegstecken ...)
2. Du ignorierst deinen Hund.

Zu Beginn ist es am einfachsten, das Fertig-Signal in einer Umgebung zu nutzen, die für deinen Hund spannend ist. Deinem Hund soll es danach leichtfallen, sich wieder mit der Umwelt zu beschäftigen. Deshalb nutz es zu Beginn vor allem an interessanten Orten. Das gilt besonders für Hunde, die viel Spaß am Training und der Interaktion mit ihrem Menschen haben.
Durch die Wiederholungen lernt dein Hund, dass nach dem Fertig-Signal nichts mehr bei dir zu holen ist. Zu Hause solltest du Futter- oder Spielbelohnungen, die du eingesetzt hast, wegräumen und dich einer anderen Beschäftigung widmen, z. B. Lesen oder du nimmst dein Smartphone. Beide Tätigkeiten helfen, deine Aufmerksamkeit vom Hund zu nehmen. Besonders beim Smartphone wissen die meisten Hunde, dass ihre Menschen nicht mehr auf sie eingehen, sobald sie auf den kleinen Kasten starren.

1. Du gibst deinem Hund das Fertig-Signal, z. B. die leeren Hände.

2. Dann nimmst du deine Aufmerksamkeit von ihm weg.

3. Zum Schluss lässt du deinen Hund einfach Hund sein.

1

2

3

Aufmerksamkeit und Kooperation

Durch Einsatz deines Markersignals und von Belohnungen kannst du die freiwillige Aufmerksamkeit deines Hundes erhalten.

Kooperation macht Spaß und wird niemals durch Strafe erreicht.

Aufmerksamkeit bildet die Voraussetzung für jede Kommunikation. Wenn ich eine Antwort erwarte, sollte mein*e Ansprechpartner*in mir gegenüber aufmerksam sein. Damit ist Aufmerksamkeit eine Bedingung für Kooperation. Für deinen Hund gilt: Er ist immer zu 100 Prozent aufmerksam – nur nicht die ganze Zeit dir gegenüber. Aber das ist auch gut so. Aufmerksamkeit ist wichtig für das Überleben, denn Gefahren sollten schnell wahrgenommen werden. Das Gehirn des Hundes selektiert Informationen nach Wichtigkeit. Ist etwas gefährlich oder unbekannt, dann bekommt es sofort die gesamte Aufmerksamkeit. Würde ich meine komplette Aufmerksamkeit nur meinem Hund schenken, wäre ich schon oft beim Gassigehen über Wildschweine gestolpert – und hätte dieses Buch sicher nicht mehr schreiben können. Nimmt dein Hund eine potenzielle Gefahr oder etwas für ihn Wichtiges wahr, wirst du erst einmal ausgeblendet. Was ein Hund als Gefahr oder als wichtig bewertet, entscheidet sein Gehirn und nicht du. Informationen, die in diesem Moment unwichtig sind, werden übergangen und verhallen im Nichts. Je wichtiger der emotionale Inhalt einer Information ist, umso mehr Aufmerksamkeit wird auf diese Information gerichtet. Das kannst du

auch selbst ausprobieren: Stell dich neben einen jagdlich interessierten Hund, der gerade ein Reh beobachtet, und wedle mit einem Schinken vor seiner Nase. Was wird passieren? Nichts. Das Bedürfnis zu jagen überwiegt. Somit nimmt der Hund, den du hoffentlich angeleint hast, den Schinken nicht wahr und konzentriert sich nur auf das Reh. Der Schinken ist in diesem Moment eine unwichtige Information für das Gehirn und wird ausgeblendet. Du brauchst die Aufmerksamkeit deines Hundes, um ihn sicher durch den Alltag zu führen, um ihn auf Distanz zu kontrollieren und ihm dadurch mehr Lebensqualität zu ermöglichen. Deshalb solltest du die Aufmerksamkeit deines Hundes dir gegenüber ausbauen und ihm gleichzeitig auch die Möglichkeit geben, in einem sicheren Rahmen in seine Hundewelt abzutauchen.

Es ist normal, wenn dein Hund nicht nur Augen für dich hat.

FREIWILLIGE AUFMERKSAMKEIT STEIGERN

Wenn dein Hund sich von allein manchmal nach dir umschaut und dir freiwillig seine Kooperation anbietet, fühlst du dich sicherer, und du wirst den Rückruf seltener brauchen. Deshalb solltest du dein Markersignal und Belohnungen nutzen. So zeigst du deinem Hund, dass es sich lohnt, dir seine Aufmerksamkeit zu schenken.

Aufmerksamkeit erkennen

Vielleicht ist ein aufmerksamer Hund für dich ein Lebewesen, das dir fünf Minuten lang in die Augen starrt und dich wie in Hypnose verfolgt. Davon bin ich kein Fan, denn darum geht es nicht. Viel wichtiger ist, dass dein Hund die Aufmerksamkeit schnell von etwas weg auf dich lenken kann. Kann der Hund das nicht, bringt es dir nichts, wenn er dich im Wohnzimmer fünf Minuten lang anstarrt. Ich konzentriere mich deshalb immer nur auf den Moment, in dem der Hund die Aufmerksamkeit zu mir lenkt, und nicht nur darauf, dass er die Aufmerksamkeit hält. Im Laufe der Jahre habe ich festgestellt, dass es bei vielen Hunden ausreicht, den Wechsel der Aufmerksamkeit zu trainieren, das Markersignal im Alltag einzusetzen, den Hund zu belohnen und generell die Bedürfnisse des Hundes im Blick zu haben. Schon fällt es 99 Prozent aller Hunde leichter, die Aufmerksamkeit gegenüber dem Menschen zu halten. Denn wenn ich in der Lage bin, die Aufmerksamkeit meines Hundes auf mich zu lenken, dann kann ich meinen Hund auch öfter in seine Welt abtauchen lassen – und ihn jederzeit wieder herausholen.

Die Aufmerksamkeit deines Hundes wechselt zu dir,
- wenn dein Hund stehen bleibt,
- wenn das Ohr deines Hundes in deine Richtung zuckt,
- wenn sich der Kopf deines Hundes in deine Richtung bewegt,
- wenn dein Hund dich ansieht,
- wenn dein Hund zu dir läuft.

Warte deshalb nicht darauf, bis dein Hund dich anschaut. Was hierbei interessant ist: Dein Hund muss jede dieser einzelnen Bewegungen ausführen, um dich anzusehen und zu dir zu laufen – ohne diesen Ablauf kann er es gar nicht. Wenn du jede dieser einzelnen Bewegungen mit dem Markersignal einfängst und belohnst, wird dein Hund ein Profi in Sachen Aufmerksamkeit. Außerdem erkennst du durch dieses Training sehr viel schneller, wann dein Hund seine Aufmerksamkeit auf dich richtet.

Kannst du erkennen, ob er gerade seinen Menschen oder andere Hunde anschaut?

1. Du brauchst keinen Hund, der dir unentwegt in die Augen starrt.

2. Wichtiger ist, dass dein Hund mit seiner Aufmerksamkeit zu dir wechselt.

1

2

Aufmerksamkeit einfangen

Es geht hier nicht darum, dass du deinen Hund zu dir rufst oder ihn ansprichst. Dein Hund soll dir freiwillig seine Aufmerksamkeit schenken – ohne deine Hilfe, ohne Signale oder Kommandos. Konzentrier dich für eine Woche bei jedem Spaziergang auf folgendes Verhalten deines Hundes: **stehen bleiben, Ohr in deine Richtung bewegen, Kopf in deine Richtung bewegen, dich ansehen und zu dir laufen.**

Wenn du dieses Verhalten bei deinem Hund wahrnimmst, gibst du das Markersignal und belohnst deinen Hund. Nutz dafür alle Belohnungen, die du zur Verfügung hast, auch oft nur stimmliches Lob und andere nicht so hochwertige Belohnungen. Damit trainierst du dein Timing, schulst deine Beobachtungsgabe und sorgst dafür, dass dein Hund diese Verhaltensweisen immer öfter auf euren Spaziergängen zeigt. Vergiss nicht, dass es um freiwillige Aufmerksamkeit geht und du deinen Hund nicht locken, ansprechen oder an der Leine zu dir ziehen sollst.

Aufmerksamkeit gezielt verbessern

Wahrscheinlich gibt es Situationen, in denen du dir verstärkt Aufmerksamkeit wünschst. Doch dein Hund hat andere Sachen im Kopf. Zuerst solltest du dir überlegen, wo und wann du besonders die freiwillige Aufmerksamkeit deines Hundes möchtest. Solange dein Hund nicht abrufbar ist, solltest du zur Sicherheit immer eine Schleppleine mit Brustgeschirr nutzen. Wenn du weißt, bei welchen Ablenkungen oder in welchen Situationen du die Aufmerksamkeit verbessern willst, kannst du in diesen Momenten gezielt auf die freiwillige Aufmerksamkeit deines Hundes achten. Erwarte nicht, dass dein Hund dich plötzlich ansieht, sondern fang das Stehenbleiben, eine Ohrenbewegung oder die Kopfbewegung in deine Richtung mit dem Markersignal ein, und belohne deinen Hund.

Vielleicht denkst du, dass es bei Ablenkungen nicht klappen wird. Das kann sein, und dennoch solltest du in solchen Situationen genau hinsehen. Wenn du erwartest, dass dein Hund es nicht schafft, wirst du viele Beweise für deine Annahme finden. Vielleicht kann dein Hund dich aber doch vom Gegenteil überzeugen. Du hast auch die Möglichkeit, kleinschrittig an Ablenkungen zu trainieren.

Achte darauf, wann und wo dein Hund im Alltag von allein zu dir läuft.

Wenn die größte Ablenkung für deinen Hund Katzen sind und du dir mehr Aufmerksamkeit wünschst, wenn ihr eine Katze trefft, beginn das Training ein paar Schritte vorher. Die Katze unserer Nachbarin sitzt immer an denselben Orten. Mein Hund Ascii schaut deshalb oft genau dahin und erwartet die Katze. Nur ist die Katze nicht jeden Tag da, weil sie viel unterwegs ist oder lieber in der Wohnung bleibt. Du kannst das Einfangen der freiwilligen Aufmerksamkeit in so einer Situation beginnen. Wenn ich mit Ascii an der Stelle vorbeigehe, wo vielleicht die Katze ist, und er dann seinen Kopf zu mir dreht, gebe ich das Markersignal und belohne ihn. Es wird ihm viel leichter fallen, denn es ist keine Katze da. Dass Hunde schnell Orte mit Erregung, Angst, Frustration und auch positiven Emotionen verknüpfen, weißt du schon. Sonst würde sich Ascii die Plätze der Katze nicht so gut und schnell einprägen. Wenn du an diesen Orten jetzt die freiwillige Aufmerksamkeit deines Hundes einfängst und belohnst, wird dein Hund sie auch den Ort abspeichern. Versuche, Ablenkungen in kleinere Teile herunterzubrechen, damit dein Hund auch in ihrer Nähe kleinschrittig lernen kann, die Aufmerksamkeit auf dich zu lenken. Beginne dann mit der leichtesten Ablenkung.

Dein Hund wird an den Orten besser ansprechbar sein, an denen du mit ihm trainiert hast.

Auch wenn dein Hund keine Belohnungen annehmen kann, biete sie ihm immer wieder unaufdringlich an und warte ab.

Der Hund ist nicht ansprechbar. Was machst du, wenn dein Hund nach deinem Markersignal keine Belohnung von dir will? Achte auf deine eigene Körpersprache. Lade deinen Hund ein, indem du dich seitlich von ihm wegdrehst, deinen Körperschwerpunkt nach hinten verlagerst oder in die Hocke gehst. Viele Hunde nehmen so lieber eine Belohnung an. Wir Menschen fühlen uns nur immer besser, wenn der Hund uns ansieht, denn dann sind wir uns sicher, dass wir seine Aufmerksamkeit haben. Das gibt uns Sicherheit und vermittelt den Eindruck, dass der Hund uns für wichtig hält. Mir geht es auch so, aber ich weiß, dass ich den Fokus im Training stärker auf den Wechsel der Aufmerksamkeit legen muss. Wenn du immer erwartest, dass dein Hund es schafft, dich direkt anzusehen, wirst du viele Gelegenheiten verpassen, in denen er seine Aufmerksamkeit auf dich lenkt.

KOMMANDO- UND SIGNALLISTE FÜR DEN EIGENEN HUND

Dein Hund ist abhängig davon, dass du ihm alle Informationen gibst, die er braucht. Nur so kann er verstehen, was du von ihm willst. Da Hunde, anders als wir sprechenden Wesen, sehr stark auf unsere Körpersprache achten, kommt es manchmal zu Missverständnissen. Auch zwischen Menschen macht die nonverbale Kommunikation durch Körperhaltung, Gestik und Mimik den größeren Teil der Kommunikation aus als das gesprochene Wort. Deshalb ist es wichtig, dass du deine Körpersprache reflektierst und beobachtest, wie sie auf deinen Hund wirkt. Manchmal wirst du feststellen, dass du ganz unbewusst bestimmte Gesten machst, die sich dein Hund merkt. Achte in den nächsten Tagen doch einmal darauf, wie du dich bewegst, wenn du ein „Sitz" bei deinem Hund abfragst.

Meine Signale

Ich baue trotzdem alle meine Signale mit Sprache auf und nutze lieber Wortsignale als bestimmte Handzeichen. Meine Hunde kennen zwar für einige Signale Handzeichen, aber ich richte mein Augenmerk stärker auf die Wortsignale (und zwei Pfeifsignale), damit ich wichtige Signale auch abfragen kann, wenn meine Hunde mich nicht sehen. Du kannst entscheiden, ob du lieber Wortsignale aufbaust oder dich mehr auf Handzeichen konzentrierst – oder ob dir beides gleichermaßen wichtig ist. Ausschlaggebend ist, dass du sowohl Wortsignale als auch Handzeichen und Gesten mit deinem Hund trainieren musst. Dein Hund muss lernen, was diese Signale übersetzt für ihn bedeuten, denn nur damit entwickelst du mit deinem Hund eure eigene Sprache.

Wichtig ist dabei: Egal, ob du dich für Handzeichen oder Wortsignale entscheidest, du musst alles zunächst aufbauen, bevor du es anwenden kannst.

Eure Kommando- und Signalliste

Du kannst dir jetzt einen Überblick über die Sprache verschaffen, die nur du und dein Hund versteht. Eine Signalliste hilft dir in der Kommunikation mit deinem Hund, weil du weißt, wo ihr steht. Außerdem hilft sie auch anderen Bezugspersonen, die Sprache zu erlernen.
Du brauchst nicht immer für jede Verhaltensweise ein akustisches Signal und ein Handzeichen. Wenn ihr, dein Hund und du, perfekt mit einem Handzeichen zurechtkommt, ist ein Wortsignal vielleicht unnötig. Umgekehrt gilt das auch, wenn ihr mit einem Wortsignal allein gut auskommt. Die Hauptsache ist, dass du ein Bewusstsein für deine Körpersprache und die Signale, die du bei deinem Hund abfragst, bekommst.

Die wichtigsten Signale

Für die meisten Menschen ist der Rückruf das wichtigste Signal in der Kommunikation mit ihrem Hund, für andere das „Sitz“ oder der Name des Hundes. Was ist dein wichtigstes Signal oder Kommando in der Kom-

BEISPIEL FÜR EINE SIGNALLISTE

WORTSIGNAL	GESTE/ HANDZEICHEN	BEDEUTUNG – WELCHES VERHALTEN SOLL DEIN HUND ZEIGEN?
SITZ	ausgestreckten Zeigefinger der rechten Hand über den Kopf des Hundes halten	Hund soll sein Hinterteil auf den Boden absetzen
...	...	...

1

2

3

1. Eine lockere Leine sorgt für entspanntere Hundebegegnungen.

2. Auch ein Seitenwechsel auf Signal macht das Passieren leichter.

3. Auch am Wegrand zu warten, hilft manchen Hunden in Begegnungen.

munikation mit deinem Hund? Der Alltag mit deinem Hund zeigt dir, welche Signale dir die größte Sicherheit geben. Ohne sie läuft kein Spaziergang. Deinem wichtigsten Signal solltest du täglich etwas Trainingszeit widmen – vielleicht nur zwei Minuten, weil dein Hund es schon super beherrscht. Nur leider gehen die wichtigen Signale und Kommandos, die der Hund gut kann, schnell im Alltag unter und werden nur noch aus Gewohnheit benutzt – ganz ohne Markersignal und Belohnung. Das ist schade und sorgt dafür, dass das wichtige Signal an den schwierigen Ablenkungen irgendwann seine Kraft verliert. Deshalb sei nicht nur dankbar, dass es so gut klappt. Werde aktiv, und schenke deinem Hund ab und zu eine Extrabelohnung nach dem Markersignal für die perfekte Ausführung.

Meine wichtigsten Signale

Wahrscheinlich kannst du dir meine Antwort denken: Wenn ich mich für ein Signal entscheiden muss, dann ist es das positive Markersignal. Nichts hat mein Leben und das meiner Hunde mehr verändert – und nichts kam öfter über meine Lippen als mein Markerwort „TAC“. Es gibt aber noch ein zweites Signal, das unser Leben erleichtert: unser Umorientierungssignal (siehe Seite 130).
Dabei wechselt der Hund seine Aufmerksamkeit zu mir. Das ist die Grundlage für einen sicheren Rückruf und unterbricht zuverlässig sein aktuelles Verhalten. Den wichtigsten Signalen schenke ich im Training mit meinen Hunden natürlich auch am meisten Beachtung. Das Markersignal nutze ich schon seit vielen Jahren.
Es ist für mich der Schlüssel in der Kommunikation mit meinen Hunden. Das Umorientierungssignal habe ich in meiner CumCane®-Ausbildung von Dr. Ute Blaschke-Berthold vor Jahren kennenglernt und es an verschiedenen Ablenkungen sehr kleinschrittig aufgebaut. Auch jetzt noch wird es an Ablenkungen und in einfachen Momenten trainiert, damit es weiterhin so gut funktioniert.

BELOHNUNGEN AUFBAUEN

Das Lauerspiel

Mit diesem Spiel sorgst du bei deinem Hund für Spaß und Spannung und trainierst gleichzeitig seine Impulskontrolle.

Futter oder Spielzeug zu beobachten, kann sehr spannend sein.

Diese Belohnung ist für jeden Hund geeignet, denn du kannst sie sowohl mit Spielzeug als auch mit Futter umsetzen. Außerdem ist der Aufbau leicht und funktioniert auch, wenn dein Hund in seinen Bewegungen eingeschränkt ist. Für blinde Hunde kannst du diese Belohnung beispielsweise abwandeln, indem du ein raschelndes Spielzeug nutzt und deinen Hund das Geräusch verfolgen lässt.

1

2

1. Beim Beobachten soll der Hund nur seine Augen nutzen.

2. Danach darf er hinterher und sich das Futter schnappen.

Beim Lauerspiel greifen wir das Verfolgen mit den Augen aus dem Jagdverhalten des Hundes auf. Allerdings halten wir uns von Wild fern und nutzen stattdessen Spielzeug oder Futter. Durch das Verfolgen mit den Augen wird Spannung aufgebaut, und der Hund lernt dabei gleichzeitig, Selbstkontrolle auszuüben. Das macht ihm sogar Spaß. Am Ende des Lauerspiels wird das Futter oder Spielzeug weggeworfen und der Hund darf schnell hinterher. Das Lauerspiel als Belohnung bekommt ein Signal, damit dein Hund weiß, was er tun soll – nämlich mit den Augen lauern. Das Signal löst die gute und vor allem gespannte Stimmung aus, die er vorher schon immer beim Lauerspiel (ohne Signal) hatte, und er weiß, dass du das Futter nicht sofort wegwirfst oder es ihm ins Maul gibst. Beim Lauerspiel darf der Hund endlich hinschauen. Er soll nicht dich anstarren, sondern den Gegenstand in deiner Hand mit den Augen verfolgen.

AUFBAU LAUERSPIEL

Schritt 1

1. Halte das Futter oder Spielzeug sichtbar für den Hund in deiner Hand.
2. Beweg das Futter oder Spielzeug in der Hand langsam.
3. Wenn der Hund es mit den Augen verfolgt, gibst du dein Markersignal.
4. Danach wirfst du das Futter oder Spielzeug weg oder lässt es fallen.

1. Beim Lauern darf dein Hund sitzen, liegen und auch stehen.

2. Du bewegst das Lauerobjekt so, dass dein Hund interessiert ist.

3. Aber er sollte dich nur anschauen und nicht zu dir laufen.

1

2

3

Das Ziel ist, dass du das Futter oder Spielzeug immer häufiger bewegen kannst und dabei auch schneller und wieder langsamer wirst. Dabei verfolgt dein Hund den Gegenstand nur mit den Augen und bleibt auf allen vier Pfoten stehen.
Wenn der Hund in der Lage ist, das Futter einige Sekunden mit den Augen zu verfolgen, kannst du ein Signal für diese Belohnung einführen. Das gibst du, noch bevor du das Futter oder Spielzeug aus der Tasche holst.

Schritt 2

1. Gib dein Signal für das Lauerspiel, z. B. „Lauern".
2. Beweg das Futter oder Spielzeug in der Hand langsam.
3. Wenn der Hund es mit den Augen verfolgt, gibst du dein Markersignal.
4. Danach wirfst du das Futter oder Spielzeug weg oder lässt es fallen.

Was der Hund beim Lauern nicht tun soll

Das Lauerspiel hat ein paar Regeln.

– Die erste Regel lautet: Das Lauerspiel ist für deinen Hund, und es soll ihm Freude machen. Deshalb mach es deinem Hund nicht zu schwer, sondern geh so vor, dass er schnell Erfolg hat.

4

4. Nach dem Lauern darf dein Hund sich das Objekt immer schnappen.

– Die zweite Regel lautet: Der Hund soll lauern, d. h. ruhig stehen bleiben. Bewegt er sich, brichst du kurz ab und packst den Gegenstand in deiner Hand wieder weg. Danach startest du sofort einen neuen Versuch. Sollte es zwei Mal nicht funktionieren, verlangst du noch zu viel von deinem Hund.
– Das Lauerspiel ist eine Belohnung und keine Übung, die er sofort perfekt beherrschen muss. Wenn dein Hund hochspringt oder sich auf dich zubewegt, dann beginn das Lauerspiel aus deiner (Futter-) Tasche heraus: Deine Hand hält das Futter oder das Spielzeug und bewegt sich – dein Hund schaut nur zu. Dann gibst du das Markersignal und wirfst den Gegenstand weg.
– Das Lauerspiel kannst du ab sofort nach dem Markersignal als Belohnung mit deinem Hund spielen.

Schnüffeln

Dein Hund schnüffelt gern? Dann solltest du Schnüffeln unter Signal stellen, damit du es deinem Hund als Belohnung anbieten kannst.

Schnüffeln, Buddeln, Rennen und Wildbeobachten sind selbstbelohnende Verhaltensweisen, d. h., dein Hund fühlt sich dabei sehr wohl. Er will es machen, weil es ihm Spaß macht. Oft sind Hunde in solchen Fällen jedoch schlecht ansprechbar, und der Rückruf funktioniert nicht. Anstatt deinem Hund dieses Verhalten zu verbieten, solltest du es unter Signal stellen und als Belohnung einsetzen. Beim Schnüffeln handelt es sich nicht um eine Suche nach Futter, sondern um das Schnüffeln interessanter Gerüche in Bodennähe.

STÖRENDE VERHALTENSWEISEN

Bei störenden Verhaltensweisen solltest du grundsätzlich Management nutzen, um sie zu verhindern. Dadurch vermeidest du, dass dein Hund unerwünschtes Verhalten zeigt. Du gestaltest dabei Situationen so, dass dein Hund sich einfach nur wie ein Musterschüler verhalten kann.

IM EINSATZ

Wenn du selbstbelohnendes Verhalten wie Schnüffeln, Buddeln oder Rennen unter Signal stellen willst, solltest du einige Dinge beachten. Bitte konzentrier dich erst auf ein einziges selbstbelohnendes Verhalten, damit du nicht durcheinanderkommst. Wenn du alles unter Signal stellen willst, was dein Hund gern macht, wirst du es nach wenigen Tagen verwirrt sein lassen – und auch dein Hund wird sich wundern. Ich zeige dir im folgenden Beispiel den

Schnüffeln gehört bei jedem Hund dazu, also solltest du es als Belohnung nutzen.

Aufbau für das Schnüffeln. Du kannst aber auch ein anderes Verhalten auswählen und den Aufbau auf andere selbstbelohnende Verhaltensweisen übertragen. Nimm das, was für deinen Hund besonders wichtig ist. Ich habe so auch Wittern nach Wild, Wildbeobachten und mehr unter Signal gestellt. Fang jetzt mit dem Schnüffeln an, denn fast alle Hunde, die ich kenne, schnüffeln gern am Boden.

Schnüffeln verboten?

Dein Hund darf natürlich weiterhin ohne deinen Auftrag und ohne Markersignal schnüffeln. Je mehr du ein selbstbelohnendes Verhalten begrenzt, umso frustrierter ist dein Hund. Deshalb begrenze nicht zusätzlich harmlose Verhaltensweisen, sondern belohne deinen Hund, wenn er sich dabei unterbrechen lässt.

Aufbau Stufe 1

1. Dein Hund schnüffelt. Du hast ihm nicht gezeigt, wo – er schnüffelt einfach so.
2. Du gibst das Markersignal.
3. Du lobst deinen Hund mit ruhiger Stimme. Schaut er dich an, holst du ein Leckerli raus und wirfst es auf die Schnüffelstelle. Du gibst es ihm nicht aus der Hand. Schnüffelt er weiter, lobst du ihn mit ruhiger Stimme weiter. (Ja, dein Hund kann dich hören, auch wenn er dich nicht ansieht.)

Diese Stufe hilft dir, dich mit dem Ablauf vertraut zu machen, und dein Hund lernt dabei schon, dass du ihn nicht von etwas abhalten möchtest. Er wird aber immer ansprechbarer, und sein Erregungsniveau sinkt. Dein Vorgehen zeigt deinem Hund, dass

1

2

1. Statt Schnüffeln auf Signal geht auch eine kleine Futtersuche.

2. Wirf dazu deinem Hund ein paar Futterstücke auf den Boden.

Das Schnüffeln kannst du deinem Hund ab sofort nach dem Markersignal als Belohnung anbieten. Gib deinem Hund nach dem Markersignal einfach das Wortsignal für das Schnüffeln, und überlass ihm alles Weitere.

ihr das zusammen macht, und das Markersignal mit dem stimmlichen Lob sorgt bei deinem Hund für eine größere Kooperation.

Aufbau Stufe 2

Jetzt führst du ein Signal für das Schnüffeln ein, damit du es deinem Hund später als Belohnung anbieten kannst.

1. Dein Hund schnüffelt.
2. Du sagst das Wortsignal (z. B. „Schnüffeln").
3. Dein Hund schnüffelt weiter.
4. Du gibst das Markersignal.
5. Du lobst deinen Hund mit ruhiger Stimme. Schaut er dich an, holst du ein Leckerli raus und wirfst es auf die Schnüffelstelle. Schnüffelt er weiter, lobst du ihn mit ruhiger Stimme weiter.

Sollte dein Hund das Schnüffeln unterbrechen und dich ansehen, nachdem du das Signal für das Schnüffeln gegeben hast, gibst du das Markersignal nicht. Das Signal für das Schnüffeln soll nicht bedeuten, dass er dich ansehen muss.

Und das funktioniert?

Die Reaktion meiner Kund*innen auf das Schnüffeln unter Signal ist zweigeteilt: Entweder sind sie fasziniert davon, dass meine Hunde auf Signal sofort losschnüffeln, oder sie glauben es nicht. Vielleicht sieht das bei dir auch gerade so aus. Eine Belohnung ist kein Zwang, und das Signal für das Schnüffeln ist kein Kommando, dem dein Hund Folge zu leisten hat. Du bietest ihm diese Belohnung an, und damit er eine Idee hat, was du meinst, baust du vorher mit Schritt 2 das Signal für das Schnüffeln auf. Wenn du deinem Hund als Belohnung das Schnüffeln anbietest, er dich aber anschaut und nicht sofort losschnüffelt, ist das kein Problem. Da, wo du stehst, hat er schließlich nicht immer sofort etwas Interessantes vor der Nase. Nachdem du das Signal für die Belohnung Schnüffeln gegeben hast, solltest du mit deinem Hund loslaufen und ihm alles Weitere überlassen. Schau deinen Hund nicht an, denn sonst fragt er sich, was du von ihm willst. Sobald er eine passende Schnüffelstelle gefunden hat, kannst du ihn „einfach machen" lassen und mit der Stimme loben. Ich verzichte immer darauf, meinen Hunden mit den Fingern auf dem Boden eine Schnüffelstelle zu zeigen. Einerseits weiß ich nicht, wo sich die Schnüffelstellen befinden, die sie interessieren. Andererseits beginnen meine Hunde dann oft, nach Futter zu suchen. Diese Geste nutze ich nämlich für die Futtersuche am Boden. Ich habe bei vielen meiner Kund*innen beobachtet, dass sie das auch so machen. Viele tun das aber unbewusst. Die Geste könnte deinen Hund spätestens bei der Belohnung Schnüffeln verwirren.

1. Nur dein Hund weiß genau, wo er schnüffeln möchte.

2. Lass' ihn selbst entscheiden, wo er die perfekte Stelle findet.

1

2

Kegeln

Kegeln ist mittlerweile die Lieblingsbelohnung meiner Hunde, der Hunde unserer Kund*innen und der Hunde unserer Leser*innen.

Kegeln ist ein Spiel, bei dem dein Hund rennen und essen kann. Für viele Hunde ist das eine geniale Sache – ganz besonders in dieser Kombination. Sogar Hunde, die Futter nicht so gern mögen, sind in den meisten Fällen mit Eifer dabei. Wie du diese Belohnung nennst, bleibt dir überlassen – für mich heißt sie Kegeln.

Kegeln löst einfach nur Freude aus. Der Hund weiß genau, wo er jetzt hinstürmen sollte, und hat Spaß dabei.

Nutze zum Kegeln Futterstücke, die gut fliegen und die dein Hund gut sehen kann.

DER JACKPOT

Um ehrlich zu sein, ist Kegeln nicht einfach nur Rennen und Essen. Dein Hund kann hetzen und weiß genau, wohin er rennen muss. Du gibst ihm die Richtung vor, weil der Ablauf immer gleich und für den Hund gut zu verstehen ist. Deshalb kann er richtig durchstarten, was Hunde im Alltag schließlich nicht immer und überall können oder dürfen. Außerdem kündigst du das Kegeln mit einem Signal an. So weiß dein Hund sofort, was ihr macht, und genießt die Vorfreude. Wenn ich zu meinen Hunden „Kegeln" sage, laufen sie mit funkelnden Augen an mir vorbei und warten darauf, dass ich mich endlich umdrehe und das Futterstück werfe.

Ich habe Kegeln vor vielen Jahren auf einem Seminar von Esther Follmann und Mirjam Bäuerlein kennengelernt. Seitdem habe ich Tausenden Menschen diese Anleitung zur Verfügung gestellt, und alle sind begeistert.

1

2

3

1. Du gibst das Signal zum Kegeln. Wir sagen einfach: „KEGELN!“

2. Du drehst dich immer um 180° um deine eigene Achse und kegelst.

3. Das wiederholst du: 180° drehen und kegeln.

4. Als Abschlussritual gibt es ein Stück Futter direkt aus der Hand.

So geht's!

Überleg dir vorher, wie du diese Belohnung nennen willst. Die Futterbelohnungen bleiben in deiner Tasche, und du stellst dich vor deinen Hund. Wenn dein Hund dir keine Aufmerksamkeit schenkt, sprich ihn an und mach ihn auf dich aufmerksam. Ansonsten bekommt er nicht mit, was du tust.

1. Du gibst das Signal für die Belohnung, z. B. „Kegeln“.
2. Du drehst dich um 180 Grad.
1. Du holst ein Leckerli aus der Tasche.
3. Du wirfst es mit einer ausholenden Armbewegung (wie beim Kegeln) in die Richtung, in die du schaust.
4. Dann wiederholst du das Ganze: Du gibst das Signal für die Belohnung, z. B. „Kegeln“. Du drehst dich um 180 Grad. Du holst ein Leckerli aus der Tasche. Du kannst das so oft wiederholen, wie du willst.
5. Als Abschlussritual gebe ich meinen Hunden immer ein Leckerli aus der Hand. Damit wissen sie, dass das Kegeln vorbei ist und nichts mehr kommt. Das ist die einfachste Möglichkeit, diese Belohnung zu beenden.

Kegeln musst du nicht aufbauen: Du kannst es ab sofort nach dem Markersignal als Belohnung mit deinem Hund spielen.

Belohnungen einen Namen geben

Ein Adventskalender schafft Vorfreude und macht die Weihnachtszeit besser. Deine Belohnungen werden ebenfalls besser, wenn du diesen Effekt nutzt und Belohnungen einen Namen gibst.

Bei vielen unserer Kund*innen stößt diese Sache zu Beginn auf Verwirrung. Eigentlich soll dieses ganze Training den Alltag einfacher machen und nicht zu weiteren Signalen führen. Nur kann ich dir leider diesen Punkt in deinem Lernprozess nicht ersparen. Immer wenn du etwas Neues lernst, wird dir an einem Punkt bewusst, dass du nur sehr wenig weißt, und dann kommst du an den Punkt, an dem du verwirrt bist. Du hast viel Neues dazugelernt, aber weil es neu ist, kostet es dich Energie, und es geht dir noch nicht leicht von der Hand. Es ist in Ordnung, wenn dich das nervt. Ich kann dir aber versprechen, dass dieser Zustand vorbeigeht und du ganz schnell alles aus diesem Buch entspannt im Alltag einsetzen kannst – wenn du jetzt weitermachst. Alle Belohnungen, die ich dir vorgestellt habe, hatten ihre eigenen Signale. So weiß der Hund, worum es geht, was er zu tun hat, und durch das Signal werden beim Hund sofort eine gute Stimmung und Vorfreude ausgelöst. Jede Belohnung wird dank des Markersignals besser für das Hundegehirn. Mit einem entsprechenden Signal wird die Belohnung besonders gut.

DER PAUSENKLINGELEFFEKT

Was war in deinem Klassenzimmer los, wenn die Pausenklingel eingesetzt hat? Vorfreude auf die Pause setzt ein, plötzlich reden alle durcheinander, bewegen sich, haben Spaß. Wenn du in deiner Schulzeit angenehme Pausen hattest und jetzt an den Moment denkst, an dem die Pausenklingel zu hören war, wirst du sicher ein Lächeln auf den Lippen haben und dich freuen. Deine Stimmung ist gut. Ich nenne diesen Zustand „Pausenklingeleffekt“. Dank klassischer Konditionierung

Dein Hund liebt Belohnungen noch mehr und ist euphorischer, wenn du ihnen einen Namen gibst.

wird mit der Klingel ein angenehmer Zustand verknüpft, da im Anschluss die Pause beginnt. Genau dieses Prinzip nutzen wir, wenn wir Belohnungen einen Namen geben. Dein Markersignal löst bei deinem Hund durch den Einsatz darauffolgender, verschiedener Belohnungen eine großartige Stimmung und Vorfreude aus. Jetzt steigern wir das Ganze und geben manchen Belohnungen einen Namen.

Noch bessere Belohnungen

Du musst nicht jeder Belohnung einen Namen geben. Das wäre zu umständlich und ist auch nicht notwendig.

Für die Lieblingsbelohnung deines Hundes solltest du aber immer ein Signal einführen, genauso bei Belohnungen, bei denen dein Hund „mitmachen“ muss. Für die Lieblingsbelohnung ist es sinnvoll, weil

du weißt, dass diese deinen Hund in Ekstase versetzt. So kannst du ihm mit einem Signal mitteilen, dass diese Belohnung jetzt startet.
Bei anderen Belohnungen ist ein Name sinnvoll, damit dein Hund weiß, was ihr gleich machen werdet und wie der Ablauf sein wird. So kann dein Hund sich darauf einstellen, was passieren wird, und du vermeidest Frust.
Würdest du dich für das Kegeln einfach umdrehen und ein Leckerli werfen, würde dein Hund einen Augenblick brauchen, um zu merken, dass er dem Leckerli hinterherlaufen kann. Schließlich drehst du dich einige Male am Tag um. Woher soll dein Hund wissen, ob dieses Mal ein Leckerli fliegt? Sobald er aber das Signal hört, löst das in ihm eine gute Emotion aus, und er macht sich bereit, loszulaufen. Er kann losstürmen, und zwar in einem geschützten Rahmen, der dir und ihm Sicherheit bietet.
Auch beim Lauern ersparst du deinem Hund Frust, indem du es ankündigst. Wahrscheinlich bekommt er ein Leckerli meist sofort aus der Tasche. Beim Lauern soll er aber noch einige Sekunden warten. Das kann er jedoch nicht in dem Augenblick wissen, in dem deine Hand in die Futtertasche wandert. Dein Hund müsste viel Impulskontrolle aufbringen. Wenn er diese gerade nicht hat, fängt er im ungünstigsten Fall an, zu bellen oder zu springen. Mit der Ankündigung gibst du ihm Erwartungssicherheit, löst gute Emotionen aus und kannst dich immer öfter auf seine Kooperation verlassen.

Auch wenn dein Hund jetzt noch nicht viel Lust hat, lohnt es sich Belohnungen aufzubauen.

ENTSPANNT DURCH DEN ALLTAG

10-Leckerli-Spiel

Mit diesem Spiel kannst du nicht nur die Frustrationstoleranz deines Hundes verbessern, sondern auch dein Timing.

Die Idee des 10-Leckerli-Spiels wurde von Leslie Nelson entwickelt. Dein Hund lernt zu warten, verbessert seine Selbstkontrolle und seine Frustrationstoleranz. Du nutzt dein Markersignal und trainierst nebenbei die freiwillige Kontaktaufnahme deines Hundes. Somit verstärkst du den Wechsel seiner Aufmerksamkeit in deine Richtung. Außerdem kannst du das 10-Leckerli-Spiel nutzen, um deinen Hund in aufregenden Situationen wieder auf dich zu fokussieren und ansprechbar zu machen. Das 10-Leckerli-Spiel kannst du auch als Belohnung einsetzen.

ANLEITUNG

Dein Hund ist an der Leine gesichert, oder ihr befindet euch in einem ablenkungsarmen Gebiet, in dem dein Hund frei laufen darf. Dein Hund sollte in der Lage sein, dir seine Aufmerksamkeit zu geben, denn schließlich willst du etwas Neues aufbauen. Kennt dein Hund das 10-Leckerli-Spiel schon, kannst du damit aber auch beginnen, wenn er dir gegenüber noch nicht aufmerksam ist. Wichtig ist, dass du deinem Hund kein Signal für Warten oder Bleiben sowie „Sitz“ oder „Platz“ gibst.

Du greifst in die Futtertasche und zählst laut und deutlich die Leckerlis ab: 1, 2, 3, 4, 5, 6, 7, 8, 9, 10.

Hat dein Hund das Zählen ruhig ausgehalten, gibst du dein Markersignal und wirfst das erste Leckerli auf den Boden. Dein Hund darf es nehmen. Er bekommt es, weil er ruhig gewartet hat. Sobald dein Hund das Leckerli aufgefressen hat, wird er wieder zu dir schauen. Sobald er den Kopf in deine Richtung dreht, gibst du dein positives Markersignal und lässt das nächste Leckerli auf den Boden fallen. Dies wiederholst du so lange, bis die zehn Leckerlis aufgebraucht sind.

Du beendest die Übung mit deinem Fertig-Signal. Dein Hund kann nicht wirklich zählen und muss schließlich wissen, wann das Spiel vorbei ist.

1

2

3

4

Der Aufbau

1. Du zählst die Leckerlis ab: 1, 2, 3, 4, 5, 6, 7 …
2. Der Hund wartet währenddessen ruhig ab.
3. Du gibst dein Markersignal, weil dein Hund ruhig gewartet hat.
4. Du wirfst ein Leckerli auf den Boden.
5. Du wartest darauf, dass dein Hund den Kopf nach dem Fressen wieder in deine Richtung bewegt.
6. Du gibst dein Markersignal, wenn sich der Kopf deines Hundes in deine Richtung bewegt.
7. Der Kopf deines Hundes bewegt sich in deine Richtung.
8. Du wirfst ein Leckerli auf den Boden.
9. Du wartest darauf, dass dein Hund den Kopf nach dem Fressen wieder in deine Richtung bewegt.
10. Du gibst dein Markersignal, wenn sich der Kopf deines Hundes in deine Richtung bewegt.
11. Der Kopf deines Hundes bewegt sich in deine Richtung.
12. Du wirfst ein Leckerli auf den Boden.
13. Mach so weiter, bis alle Leckerlis aus deiner Hand verbraucht sind.
14. Wenn du alle Leckerlis aufgebraucht hast, gibst du ein Fertig-Signal, damit der Hund weiß, dass die Übung vorbei ist.

5

1. Die Leckerlis werden nach und nach abgezählt und in die Hand gelegt.

2. Bitte halte deine Hand nicht direkt vor die Nase deines Hundes.

3. Nach dem Markersignal lässt du die Leckerlis einzeln fallen.

4. Dein Hund kann nicht zählen, gib ihm bitte das Fertig-Signal.

5. Danach geht der Spaziergang mit einem aufmerksameren Hund weiter.

Der Hund kann nicht warten.

Wenn dein Hund beim Zuschauen und Warten die Geduld verliert und anfängt zu bellen, zu winseln oder an dir hochzuspringen, wird das 10-Leckerli-Spiel sofort beendet. Du packst sämtliche Leckerlis zurück in deine Futtertasche, schließt diese und schenkst deinem Hund keine Aufmerksamkeit mehr. Nach einer kurzen Pause von ca. 5 Minuten kannst du das Spiel von vorn beginnen. Du solltest es deinem Hund in dieser zweiten Runde leichter machen, indem du weniger Leckerlis abzählst und er schneller zum Erfolg kommt.

Wenn diese Übung deinem Hund besonders schwerfällt und er es zum ersten Mal schafft, ruhig zu bleiben, während du nur ein oder zwei Leckerlis abzählst, ist das perfekt. Dein Hund soll schließlich den Spaß an diesem Spiel behalten.

Zu schwer? Dann gehe kleinschrittig vor. Deine Hand geht zur Tasche, der Hund bleibt unten, du gibst den Marker und belohnst sofort.

Erwartungen an den Hund

Nicht jeder Hund schafft sofort 10 Leckerlis. Dein Hund braucht Zeit und kleine Schritte. Deshalb beginne lieber mit ein oder zwei Leckerlis und steigere langsam. Dein Hund soll Erfolg haben. Ich muss dabei immer an einen kleinen und sehr aufgeregten Chihuahua denken, der es nicht abwarten konnte, dass sein Frauchen bis eins zählt. Statt mit dem 10-Leckerli-Spiel zu starten, haben wir im ersten Schritt trainiert, dass er ruhig ohne Hochspringen warten konnte, wenn sein Frauchen etwas zu ihm sagt. Im nächsten Schritt übten wir, dass er ruhig bleibt, wenn sie ihre Hand Richtung Futtertasche bewegt. Als er das ohne Hochspringen und Winseln aushalten konnte, haben wir mit dem Abzählen eines Leckerlis begonnen. Von da an ging alles sehr schnell: Innerhalb von 10 Trainingsminuten war ein 5-Leckerli-Spiel für diesen Hund möglich, und dank des 10-Leckerli-Spiels hat er gelernt, dass es sich lohnt, alle vier Pfoten auf dem Boden zu lassen. Bei Welpen und kleinen Hunden musst du nicht mit 10 Leckerlis arbeiten, da ihr Magen nicht immer Platz für so viele hat.

EINSATZ

Durch das 10-Leckerli-Spiel lernt dein Hund zu warten, während du laut zählst. Das schult seine Frustrationstoleranz. Er muss sich gedulden, bevor er an die Belohnung kommt. Wenn du das Spiel in verschiedenen Situationen mit deinem Hund einsetzt und in der Nähe von Ablenkungen spielst, sorgt es dafür, dass dein Hund sich wieder auf dich konzentriert. Zusätzlich schult es seine Fähigkeit, in so einer Situation oder bei Ablenkungen zu warten. Wichtig ist nur, dass dein Hund das Spiel aus entspannten Situationen kennt, deshalb beginne es zu Hause und baue es dort auf. Das laute Zählen kannst du später einsetzen, wenn dein Hund warten muss. Dabei musst du dann auch keine Leckerlis mehr in der Hand haben.

In diesen Situationen kannst du das 10-Leckerli-Spiel nutzen:

- bei aufregenden Hundebegegnungen
- nach dem Spielen zum Runterfahren
- beim Klingeln an der Tür
- als Belohnung
- wenn dein Hund warten muss und es ihm schwerfällt
- wenn dein Hund verunsichert ist
- wenn du deinen Hund von etwas ablenken möchtest
- bevor ihr das Haus verlasst
- nach dem Aussteigen aus dem Auto
- wenn dein Hund sich nicht anleinen lassen möchte

1. Das 10-Leckerli-Spiel hilft deinem Hund beim Warten und Frustaushalten.

2. Auch bei Hundebegegnungen kannst du das 10-Leckerli-Spiel nutzen.

1

2

Das Umorientierungssignal

Freiwillig schenkt dir dein Hund schon Aufmerksamkeit. Mit einem Umorientierungssignal bekommst du sie sofort, wenn du sie brauchst.

Vielleicht erinnerst du dich: Das Umorientierungssignal ist für mich nach dem Markersignal das wichtigste Signal für meine Hunde und mich. Es ist das Zeichen, bei dem dein Hund seine Aufmerksamkeit auf dich lenkt. Er richtet die Aufmerksamkeit von einer Ablenkung zu dir und wird dadurch ansprechbar. Ohne diesen Schritt klappen weder dein Rückruf noch andere wichtige Signale und Kommandos. Ich werde das Umorientierungssignal ab jetzt mit „UO-Signal" abkürzen.

1

2

WARUM EIN UO-SIGNAL?

Die Aufmerksamkeit deines Hundes ist wie der Kegel einer Taschenlampe. Ist dein Hund wach, ist er die ganze Zeit aufmerksam. Die eingeschaltete Taschenlampe leuchtet, aber sie erhellt nicht plötzlich alles, sondern immer nur den Ausschnitt, den ihr Lichtkegel

Für einen Rückruf braucht es zuerst einen Wechsel der Aufmerksamkeit.

1. Noch ist der Hund in seiner Welt vertieft und sondiert die Lage.

2. Nach der Umorientierung ist die Aufmerksamkeit beim Menschen.

erreicht. Das gilt auch für die Aufmerksamkeit deines Hundes. Diese richtet sich wie ein Lichtkegel auf das, was für deinen Hund gerade wichtig ist – und das bist leider nicht immer du. Wenn das so wäre, dann würde dein Hund sehr schnell verdursten oder verhungern. Bei uns Menschen ist das auch nicht anders: Während ich hier sitze und mein Kopf aus Wörtern Sätze formt, richte ich meine Aufmerksamkeit auf dieses Buch. Spricht mich währenddessen jemand an, antworte ich vielleicht mit „Ja, ja ..." – und kann mich später nicht einmal mehr daran erinnern. Oder wenn ich auf Netflix eine Folge „Stranger Things" schaue, dann erhältst du von mir gar keine Antwort. Um mich aus meiner Schreib- oder Netflix-Welt herauszuholen, reicht es nicht, meinen Namen auszusprechen. Genau deshalb baue ich bei meinen Hunden ein UO-Signal auf, damit ich sie aus ihrer Hundewelt rausholen kann, wenn es wichtig ist. Mit dem UO-Signal dreht sich sozusagen der Lichtkegel der Taschenlampe in meine Richtung.

WAS DAS UO-SIGNAL NICHT IST

Umorientierung bedeutet Aufmerksamkeit in Richtung Mensch, es bedeutet nicht unbedingt Blickkontakt. Dein Hund soll nur den Kopf ein Stück weg vom Auslöser in deine Richtung drehen. Das UO-Signal soll nicht dazu führen, dass dein Hund dich anstarrt und dir direkt in die Augen sieht. Das ist nicht notwendig, denn es ist viel wichtiger, dass er die Aufmerksamkeit von der Ablenkung auf dich richtet. Dazu ist kein Blickkontakt notwendig, da dieser grundsätzlich durch einen freundlichen Umgang folgt.

1

EINSATZ

Ich nutze das UO-Signal überall im Alltag, denn ich kann es mit vielen Signalen und Kommandos kombinieren. Wenn du bei deinem Hund ein „Sitz" abfragst, kann dein Hund dies nur ausführen, wenn er die Aufmerksamkeit auf dich lenkt und dann sein Hinterteil auf dem Boden absetzt. Der Wechsel der Aufmerksamkeit ist die Voraussetzung, dass dein Hund sich hinsetzt. Normalerweise ist das in jedem unserer Signale und Kommandos enthalten – nur trainieren wir es nicht bewusst. Wenn du Signale und Kommandos kleinschrittig aufbaust, die Ablenkungen langsam steigerst und sie an verschiedenen Orten trainierst, werden sie gut abrufbar. Mit einem UO-Signal erhöhst du die Chancen, dass dein Hund auf dich reagiert und Signale und Kommandos ausführt. Viele Hundehalter*innen nutzen dafür den Namen des Hundes. Sie sprechen ihren Hund an und geben ihm anschließend eine weitere Information. Leider nutzen viele den Namen ihres Hundes ständig, und er hat zahlreiche Bedeutungen. Allerdings ist der Name des Hundes nur sein Name und kein gezielt aufgebautes Signal. Deshalb haben meine Hunde ihre Namen und jeder ein eigenes UO-Signal. Du kannst das UO-Signal gemeinsam mit deinem Rückrufsignal nutzen. Dadurch entsteht ein doppelter Rückruf. Erst gibst du das UO-Signal zum Wechsel der Aufmerksamkeit und dann das Signal, das deinen Hund dazu animiert, zu dir zu laufen.

Nach dem UO-Signal kannst du auch andere Signale oder Kommandos geben:

- „Sitz"
- „Platz"
- Weitergehen
- Neben dir laufen
- Apportieren
- ...

Eine andere Möglichkeit ist es, das UO-Signal allein zu nutzen, um zu sehen, ob dein Hund noch ansprech-

1. Ein Aufmerksamkeitswechsel bedeutet nicht zwingend Blickkontakt.

2. Ein Hund muss dich nicht ansehen, um seine Aufmerksamkeit bei dir zu haben.

2

bar ist. Nicht in jeder Situation muss dein Hund danach zu dir laufen oder etwas anderes tun. Es wird oft passieren, dass dein Hund nach dem UO-Signal zu dir kommt. Das ist in Ordnung. Dein Hund geht dahin, wo es für ihn angenehm ist und wo die Belohnungen herkommen. Du wirst so nicht nur zu seinem Lieblingsmenschen, sondern auch zu seinem Lieblingsort. Das UO-Signal soll nicht das Rückrufsignal für deinen Hund werden, aber wenn dein Hund dann freiwillig zu dir läuft, ist das ein schöner Nebeneffekt.

AUFBAU

Bevor du das UO-Signal mit deinem Hund aufbauen kannst, musst du dich für ein Wortsignal oder einen Pfiff entscheiden. Bitte verwende nicht den Namen deines Hundes, den du wahrscheinlich jeden Tag für viele verschiedene Kommandos nutzt, wie „Guck mal!“, „Komm mit!“ oder „Zieh nicht so an der Leine!“. Da der Name oft unbedacht eingesetzt wird, eignet er sich nicht als UO-Signal, das perfekt in allen Situationen sitzen soll. Such dir ein Wortsignal aus, das aus zwei Teilen oder Silben besteht und freundlich klingt. Das macht es für deinen Hund und dich leichter, wenn du einmal sauer sein solltest und dein UO-Signal gibst. Du kannst dich auch gleich für einen Pfiff entscheiden. Ich nutze dafür immer eine Trillerpfeife für Hunde.

Das passende UO-Signal

Als Wortsignale kannst du nutzen:

- „Zu mir“
- „Taxi“
- „Schau mal“
- „Guck mal“
- „Kiwi“
- …

Ich nutze bei meinem Hund Paco als UO-Signal: „Franz” (sein Name „Paco“ heißt auf Deutsch „Franz“, und ich nenne ihn niemals so). Das ist zwar nicht zweisilbig, aber funktioniert seit mehr als acht Jahren sehr gut.

Bitte lass die Finger von Ultraschallpfeifen, da du dir nie wirklich sicher sein kannst, ob ein Ton wirklich bei deinem Hund ankommt, wenn du hineinpustest.

Für Pfiffe kannst du nutzen:
- Trillerpfeife
- Pfiff aus zwei Tönen, z. B. ein kurzer und ein langer Ton

Der Trillerpfiff eignet sich besonders gut als UO-Signal, weil er den Hund ausbremst. Mit einer normalen Pfeife solltest du am besten einen Pfiff aus zwei unterschiedlichen Pfiffen nehmen, z. B. einmal kurz und einmal lang pfeifen. Auch das bremst den Hund besser aus. Zwei oder mehr kurze schnelle Pfiffe hintereinander eignen sich besser für das Rückruf-Signal, weil sie den Hund aktivieren, in deine Richtung zu laufen.
Trainier die Pfiffe, wenn dein Hund nicht dabei ist. Am besten nimmst du lieber gleich die lautere Pfeife, weil auch diese auf großer Distanz nicht mehr gut zu hören ist. Wenn dein Hund geräuschempfindlich ist, probier die Pfeife vorab besonders vorsichtig aus. Dein Hund soll sich nicht vor einem lauten Pfiff erschrecken.

Entscheide dich jetzt für dein UO-Signal. Starte zunächst mit einem Signal und nicht zeitgleich mit einem Wort- und Pfiffsignal.

Schritt 1

Im ersten Schritt des Aufbaus nutzen wir klassische Konditionierung und zeigen dem Hundegehirn, dass dieses neue Wort (oder der neue Pfiff) etwas Wichtiges und Gutes ist. Das UO-Signal bekommt eine positive Bedeutung für den Hund, und damit wird der Aufbau viel schneller gehen. Für den ersten Schritt muss dein Hund dir gegenüber aufmerksam sein, denn er weiß schließlich noch nicht, worum es geht. Starte deshalb zu Hause und wechsle den Trainingsort in deinem Zuhause. Wenn es Orte außerhalb deines Hauses gibt, an denen dein Hund dir gegenüber aufmerksam ist, kannst du auch dort den ersten Schritt durchführen. Dein Markersignal brauchst du hierbei nicht. Es geht nur um die positive Verknüpfung.

1. Im ersten Schritt wird nur klassische Konditionierung genutzt.

2. Das Hundegehirn soll das neue UO-Signal als wichtig abspeichern.

1

2

1

2

1. Dein Hund ist aufmerksam und du gibst das neue UO-Signal.

2. Danach bekommt dein Hund etwas Schönes, z. B. ein Spielzeug.

1. Dein Hund ist dir gegenüber aufmerksam und hält sich in deiner Nähe auf.
2. Du gibst dein neues UO-Signal.
3. 1 bis 3 Sekunden später erhält dein Hund etwas Schönes.
4. Davon machst du maximal drei Wiederholungen.

Wichtig ist, dass diese schöne Sache erst ein bis drei Sekunden später folgt und nicht schon vorher da ist. Bitte halte sie nicht schon in deiner Hand und auch nicht hinter dem Rücken. Dein Hund ist clever und merkt es sofort.

Diesen ersten Schritt solltest du jetzt für drei Tage mindestens fünf Mal täglich durchführen.

Schritt 2

Durch den ersten Schritt wurde bei deinem Hund eine positive Erwartungshaltung geschaffen. Hört er das UO-Signal, erwartet er etwas Schönes von dir. Deshalb wird er jetzt seinen Kopf in deine Richtung drehen, wenn du das UO-Signal in einer ablenkungsarmen Umgebung gibst. Im zweiten Schritt nutzt du dein Markersignal und wartest nach dem UO-Signal auf eine Reaktion deines Hundes. Schritt 1 wird ab jetzt nicht mehr gebraucht.

1. Du gibst dein UO-Signal und wartest auf die Reaktion deines Hundes.
2. Innerhalb von 5 Sekunden sollte er die Aufmerksamkeit zu dir wechseln.
3. Du fängst mit deinem Markersignal genau diesen Moment ein.
4. Dann belohnst du deinen Hund und ihr habt Spaß.

1

2

3

Auch der zweite Schritt des Aufbaus sollte bei dir zu Hause in einer vollkommen ablenkungsfreien Situation stattfinden, z. B. wenn dein Hund herumliegt, aber wach ist und sich nicht mit etwas beschäftigt.

1. Dein Hund ist in deiner Nähe, ist wach und schenkt dir keine Aufmerksamkeit, aber du bist dir sicher, dass er komplett ansprechbar ist.
2. Du gibst dein UO-Signal.
3. Du wartest auf die Reaktion deines Hundes.
4. Dreht dein Hund den Kopf in deine Richtung, gibst du sofort dein Markersignal.
5. Es folgt eine Belohnung.

Wozu das Markersignal?

Beim Training am UO-Signal gibst du dein Markersignal, wenn dein Hund die Aufmerksamkeit zu dir wechselt. Das beginnt damit, dass dein Hund seine Ohren und/oder seinen Kopf zu dir dreht. Du wartest nicht darauf, dass dein Hund dich ansieht oder zu dir gelaufen kommt. Aber natürlich darf er das danach tun.

TRAINING AN ABLENKUNGEN

Die ersten beiden Schritte sind wichtig, aber jetzt folgt der wichtigste Teil des Trainings, den wir leider alle gern auslassen. Der Hund kann es schließlich schon, er hat es also verstanden. Wenn du schon einmal in einer Kletterhalle klettern warst, besteigst du aber auch nicht ein paar Tage später die Zugspitze. Damit dein UO-Signal auch bei schwierigen Ablenkungen funktioniert, zeige ich dir jetzt, wie du dein UO-Signal Schritt für Schritt an immer schwierigeren Ablenkungen trainieren kannst. Du lernst, wie du eine Ablenkungsliste erstellst und damit arbeitest.
Im ersten Moment sieht das nach viel Arbeit aus, aber der kleinschrittige Aufbau lohnt sich, weil du später ein UO-Signal hast, das auch bei Ablenkungen sicher funktioniert.

4

Ablenkungsliste erstellen

Bevor du deine Ablenkungsliste erstellst, merke dir: Du bist noch immer im Trainingsmodus. Du wirst dein UO-Signal erst einmal nicht verwenden, sondern zunächst nur in Situationen, die keine Ablenkungen enthalten, oder nur bei Ablenkungen, die du schon trainiert hast. So vermeidest du, dass du während des Aufbaus und Trainings an Ablenkungen dein UO-Signal schwächst.

1. Überleg dir verschiedene Ablenkungen, und schreibe sie auf.
2. Danach überlegst du dir genau, wann dein Hund schlecht, mittelmäßig und sehr gut ansprechbar ist. Wann (und wo) kann dein Hund schon auf das UO-Signal reagieren? Ergänze die Liste.
3. Schreib dir jetzt eine neue Liste und sortier die Ablenkungen deines Hundes nach Schwierigkeitsgrad.

Nimm dir ein paar Tage Zeit, um alle Ablenkungen im Alltag zu finden, denn dir werden nicht sofort alle einfallen. Die Ablenkungsliste kannst du immer wieder erweitern oder ergänzen. Eine Ablenkungsliste solltest du übrigens immer nutzen, wenn du Signale und Kommandos Schritt für Schritt sicher aufbauen willst.

Wie schwer ist es, die Aufmerksamkeit zu bekommen, wenn dein Hund schnüffelt?

Training mit der Ablenkungsliste

Ab jetzt trainierst du dein UO-Signal nach und nach an den Ablenkungen auf deiner Liste. Du beginnst auf Stufe 1 der Ablenkungsliste. Stufe 1 wird keine große Herausforderung darstellen, und das ist wichtig, denn es geht darum, dass du ein UO-Signal mit Erfolg aufbaust. Trainiere das UO-Signal circa drei bis zehn Mal am Tag mit deinem Hund auf Stufe 1. Wenn dein Hund über fünf Tage jeden Tag sofort auf dein UO-Signal reagiert, kannst du zu Stufe 2 der Ablenkungsliste übergehen und dein Training fortsetzen. Hast du Stufe 1 erfolgreich abgeschlossen, darfst du ab jetzt dein UO-Signal bei dieser Ablenkung nutzen. Von da an arbeitest du dich Woche für Woche durch jede einzelne Stufe deiner Liste.
Stehen Ablenkungen auf der Liste, auf die ihr nur selten trefft, darfst du diese Stufe auch überspringen. Nutze für das Training am UO-Signal einfach die Gelegenheiten, wenn sie sich ergeben.

Die Ablenkung ist zu groß. Was jetzt?

Dein Hund darf nach dem UO-Signal gern bis zu fünf Sekunden nachdenken und auf dich reagieren. Gib ihm diese kurze Zeitspanne. Gerade bei schwierigen Ablenkungen muss dein Hund sich entscheiden, und du solltest ihm dafür ein kleines Zeitfenster lassen. Entscheidet er sich für dich: Bingo!

Das UO-Signal kannst du überall im Alltag einsetzen.

Du solltest unbedingt vermeiden, dein UO-Signal mehrmals zu geben. Gewöhn dir das am besten nicht an. Schaffst du es nicht, dass dein UO-Signal sicher bei einer Ablenkung funktioniert, überprüf dein Timing, deine Belohnungen, und geh noch einmal eine Stufe in der Ablenkungsliste zurück.

Wenn es an die schwierigen Ablenkungen auf der Liste geht, solltest du versuchen, Zwischenschritte zu finden. Wenn Katzen der Endgegner auf deiner Ablenkungsliste sind, kann ein Zwischenschritt der Ort sein, an dem dein Hund die Katzen schon einmal gesehen hat. Das kann eine Stelle sein, an der es nach Katzen riecht, oder eine Situation, in der die Katze schon längst weg ist. Es kann auch erst einmal ein großes Kuscheltier sein, das wie eine Katze aussieht und das dein Hund von Weitem sieht.

Durch die Ablenkungsliste hast du den Vorteil, dass dein Hund schon gut trainiert ist, bevor ihr die Endgegner erreicht. Bevor das UO-Signal klappt, solltest du auf Management und eine Schleppleine am Brustgeschirr setzen, um deinen Hund zu sichern.

Im angespannten Hundekontakt eignet sich ein UO-Signal sehr gut.

Das Rückrufspiel

Mit diesem Spiel kannst du den Aufbau des Umorientierungs-signals beschleunigen.

1. Nach dem Marker beginnt die etwas andere Belohnung.

2. Drehe dich um 180° und renne vor deinem Hund weg.

3. Versuche, nicht schneller zu sein als dein Hund.

Das Rückrufspiel habe ich bei Dr. Ute Blaschke-Berthold kennengelernt. Es sorgt für etwas mehr Geschwindigkeit und schafft eine Grundlage für den Aufbau des Rückrufsignals. Außerdem unterstützt es den Aufbau deines UO-Signals, und du sorgst dafür, dass dein Hund gern zu dir läuft.

ABLAUF

1. Dein Hund läuft vor dir.
2. Du gibst dein UO-Signal.
3. Dein Hund dreht seinen Kopf in deine Richtung.
4. Du gibst dein Markersignal für die richtige Reaktion des Hundes.
5. Nach dem Markersignal drehst du dich um 180 Grad in die andere Richtung und läufst los (weg vom Hund).
6. Hat dein Hund dich eingeholt und ist neben dir, wirfst du das Futter oder das Spielzeug nach vorn, damit dein Hund es holen kann.

1

2

3

4

4. Hat dein Hund dich eingeholt, fliegt das Futter und er darf es holen.

Das Markersignal erfolgt nach der Bewegung des Kopfes in deine Richtung. Die Belohnung für deinen Hund besteht aus Rennen und anschließendem Futter- oder Spielzeugwerfen. Du drehst dich erst nach dem Markersignal um 180 Grad und läufst auch erst dann los. Wenn du vorher schon losstürmst, kannst du nicht die Reaktion deines Hundes auf das UO-Signal abwarten. Bitte achte bei dem Rückrufspiel immer auf deine Füße, und stolpere nicht. Nimm dir lieber etwas mehr Zeit beim Umdrehen und Loslaufen. Es gibt in diesem Spiel ohnehin nur Gewinner*innen.

Entspannung

Ein entspannter Hund ist ansprechbar. Er wird viel gutes Verhalten zeigen, das du mit dem Markersignal einfangen kannst.

Kennst du die Bedürfnisse deines Hundes und erfüllst sie, wirst du deinem Hund viel Stress und Frust ersparen. Zu Problemen mit dem Hund kommt es immer dann, wenn du ein komplett anderes Bedürfnis hast als er oder ihr in einem Umfeld lebt, in dem es nicht erlaubt oder einfach nicht möglich ist, seine Bedürfnisse zuzulassen. Mag dein Hund keine Artgenossen und könnte diesen immer so aus dem Weg gehen, wie er es braucht, würde keine Leinenaggression auftreten. Mit deinem Markersignal kannst du am Verhalten deines Hundes arbeiten. Wiederum kannst du mit einem Umorientierungssignal das Verhalten deines Hundes unterbrechen. Beides wird schwierig, wenn dein Hund stark gestresst ist oder besonders emotional reagiert. In diesem Moment ist es schwer, die emotionale Reaktion im „denkenden" Teil des Gehirns auszubremsen. Wenn ich wütend bin und jemand zu mir sagt, dass alles gut sei, brauche ich zusätzlich dringend den „denkenden" Teil meines Gehirns, den präfrontalen Kortex, der meine emotionale Reaktion ausbremst. Diese Selbstkontrolle ist bei starken emotionalen Reaktionen aber nur schwer möglich. Die Lösung für Mensch und Hund ist Entspannung. Wir Menschen sind da etwas im Vorteil, weil wir einen größeren präfrontalen Kortex haben. Der Hund braucht dabei unsere Hilfe, und ich helfe meinen Hunden gern mit Entspannungssignalen.

KONDITIONIERTE ENTSPANNUNG

Konditionierte Entspannung nach Dr. Ute Blaschke-Berthold hilft dir dabei, deinen Hund ansprechbarer zu machen. Entspannung schaltet sozusagen den denkenden Teil des Hundegehirns wieder an und sorgt dafür, dass die Erregung sinkt. Es ist kein Zaubermittel, das aus einer Furie sofort ein Schoßhündchen macht, aber es gibt dir die Möglichkeit, deinem Hund ein weiteres Signal oder Kommando zu geben, um das Beste aus einer schwierigen Situation herauszuholen.

Ein Entspannungssignal hat keine Nebenwirkungen. Es wirkt sowohl auf einer bewussten als auch auf einer unbewussten Ebene. Auf der unbewussten Ebene reguliert und senkt es kurzzeitig die Erregung deines Hundes, was für dich nicht immer an seiner Körpersprache sichtbar sein muss.

Auf der bewussten Ebene reagieren viele Hunde bei einem Entspannungssignal auf den Menschen und wenden sich ihm zu. Der Hund merkt, dass ein Entspannungssignal oft nah beim Menschen stattfindet und verknüpft die menschliche Nähe mit dem Entspannungssignal.

Generell gibt es auf das Entspannungssignal keine falsche oder richtige Reaktion deines Hundes. Seine Erregung sinkt, und er wird kurzzeitig ansprechbar. Deshalb solltest du deinem Hund nach dem Entspannungssignal eine Information geben, entweder in Form eines Signals oder einer anderen Alternative.

Entspannung kann auch bedeuten, dass der Hund nur etwas entspannter ist als vorher.

AUFBAU

Der Name „Konditionierte Entspannung“ verrät es schon: Für den Aufbau nutzen wir klassische Konditionierung. Das macht den Aufbau sehr einfach, und du brauchst dafür weder ein Markersignal noch Belohnungen. Es soll nur ein Signal mit dem entspannten Zustand deines Hundes verknüpft werden. Generell kann das Entspannungssignal ein Wort, ein Gegenstand, eine Berührung oder auch ein Geruch sein. Für meine Hunde ist unser Schlafzimmer ein Entspannungssignal, weil sie sich immer sofort in ihre Hundebetten legen und schnell einschlafen. Dieses Zimmer ist für sie so stark mit Ruhe und Schlaf verknüpft, dass sie sich schnell beruhigen und entspannen, wenn sie sich darin aufhalten. Deshalb wird Menschen mit Schlafstörungen auch oft geraten, dass sie ihr Schlafzimmer nur zum Schlaf aufsuchen sollen. Bevor du beginnst, ein Entspannungssignal mit deinem Hund aufzubauen, solltest du dich für ein Signal entscheiden. Ich rate dir mit einem Entspannungswort zu beginnen und später zusätzlich einen Entspannungsduft aufzubauen.

Entspannungswort

Ein Wort als Entspannungssignal eignet sich sehr gut für den Alltag, weil du es jederzeit nutzen kannst.

Du hast zwei Möglichkeiten, wie du ein verbales Entspannungssignal aufbauen kannst. Welche Möglichkeit für dich funktioniert, hängt von deinem Hund ab. Lässt sich dein Hund gern von dir anfassen und entspannt er sich dabei, kannst du diese Berührungen nutzen. Wenn du aber einen Hund hast, der sich (noch) nicht anfassen lässt oder bei dem das Erregungsniveau steigt, sobald du ihn berührst, solltest du den Aufbau ohne Körperkontakt nutzen. Wörter wie „müde“, „Momo“, „Ruhe“, „easy“ oder ähnliche eignen sich gut als Entspannungswort. Du solltest das Entspannungssignal nie flüstern. Wenn du es später brauchst, während dein Hund ins Ende der Leine springt und bellt, wird er ein Flüstern nur schwer wahrnehmen können. Deshalb sprich das Entspannungswort auch beim Aufbau immer in normaler Lautstärke aus.

Aufbau für Hunde, die sich nicht gern anfassen lassen oder beim Streicheln nicht entspannen:

1. Dein Hund ist kurz vor dem Einschlafen und liegt entspannt.
2. Du sagst dein verbales Entspannungssignal.

Ja, das war es schon. Dein Hund ist in einem entspannten Zustand, und du sagst dein Entspannungswort. Mehr als dreimal solltest du diesen Vorgang in einem entspannten Moment nicht wiederholen.
Du solltest deinen Hund dabei nicht ansehen, denn viele Hunde erwarten darauf Interaktion – und die wollen wir in diesem Moment nicht. Dein Hund soll sich danach weiter entspannen, damit Entspannung mit dem neuen Wort verknüpft wird. Sollte dein Hund dich ansehen, wenn du das Entspannungswort sagst, ignorier ihn einfach.

Aufbau für Hunde, die sich gern anfassen lassen:

1. Du versetzt deinen Hund durch Massage, Streicheln oder Kontaktliegen in einen entspannten Zustand.
2. Du unterbrichst das Streicheln oder die Massage kurz und nimmst deine Hände vom Hund weg.
3. Du sagst das verbale Entspannungssignal.
4. Du wartest ein bis drei Sekunden ab.
5. Du streichelst oder massierst deinen Hund weiter. Dein Hund muss dabei nicht einschlafen.

Du solltest das Entspannungssignal mehrmals am Tag verteilt aufbauen und aufladen. Du hast richtig gelesen: Wenn du es im Alltag nutzt, muss das Entspannungssignal wie ein Akku wieder aufgeladen werden. Dass dieser Akku das ganze Hundeleben lang immer wieder aufgeladen werden muss, klingt erst einmal viel. Allerdings ist dein Hund grundsätzlich mehrmals am Tag entspannt. Wahrscheinlich streichelst du ihn auch jeden Tag. Nutz diese Momente, die ihr schon in eurem Alltag habt, für das Aufladen des Entspannungssignals.
Schaff dir in deinem Zuhause ein paar Erinnerungen, damit du daran denkst, das Entspannungswort mit Entspannung bei deinem Hund zu verknüpfen. Manche unserer Kund*innen rahmen sich die Erinnerung ein und stellen sie wie ein Foto auf.
Nach 7 bis 14 Tagen kannst du dein Entspannungssignal verwenden. Trau dich, denn du hast nichts zu verlieren.

Spielzeug muss während der Entspannung nicht in der Tasche verschwinden.

1

2

ENTSPANNUNGSDUFT

Für Silvester und andere schwierige Momente, wie z. B. Besuche in der Tierarztpraxis, kannst du zusätzlich zu einem verbalen Entspannungssignal einen Entspannungsduft aufbauen. Riechen ist die älteste Sinneswahrnehmung von Hunden und wird deshalb direkt emotional verarbeitet. Alle anderen Sinneswahrnehmungen werden im Gehirn erst zu einer Art Verteilerzentrum geleitet und von da aus weitergeschickt. Außerdem gibt es ätherische Öle, die eine entspannende und angenehme Wirkung auf Hunde haben.

Der passende Duft

Um einen Entspannungsduft zu nutzen, wird ein ätherisches Öl aus kontrolliert biologischem Anbau mit einem neutralen Öl (z. B. Sojaöl, Mandelöl) oder Wasser gemischt. Als ätherisches Öl empfehle ich dir:

- Kamille blau
- Lavendel fein
- Zitrone

Ätherische Öle aus biologischem Anbau erhältst du in Apotheken und Reformhäusern. Mittlerweile gibt es sogar fertige Ölmischungen für Hunde.

1. Du legst deinem Hund das Halstuch um.
2. Danach entspannst du ihn so, wie er es mag.
3. Das Halstuch solltest du möglichst luftdicht aufbewahren.

Du vermischst 100 ml Wasser mit max. 1 – 3 Tropfen des ätherisches Öls. Diese Mischung kannst du dir in kleine Sprühflaschen abfüllen. Die Ölmischung wird auf ein Tuch gegeben, zu Beginn nur 1 Tropfen, was bis zu 10 Tropfen gesteigert werden kann.
Das Tuch mit dem Entspannungsduft solltest du zuerst nur neben deinen Hund legen und am Anfang etwas Abstand halten. Sollte es dein Hund meiden und immer den Platz wechseln, wenn du das Tuch neben ihn legst, probier ein anderes ätherisches Öl, oder verdünne die Mischung stärker.

Aufbau für Hunde, die sich nicht gern anfassen lassen oder nicht beim Streicheln entspannen:

1. Dein Hund ist kurz vor dem Einschlafen und liegt entspannt.
2. Du legst das Tuch mit dem Entspannungsduft in die Nähe deines Hundes. Es liegt da, während dein Hund entspannt..

Wenn dein Hund das Tuch mit dem Entspannungsduft kennt und du es ihm umlegen kannst, kannst du ihm das Tuch auch umbinden, bevor er sich entspannt.

Aufbau für Hunde, die sich gern anfassen lassen:

1. Du bindest deinem Hund das Tuch mit dem Entspannungsduft um oder legst es neben deinen Hund.
2. Danach beginnt die Entspannung. Du versetzt deinen Hund durch Massage, Streicheln oder Kontaktliegen in einen für ihn entspannten Zustand.

RICHTIG AUFBEWAHREN

Das Tuch kannst du in einem Schraubglas aufbewahren und immer griffbereit in der Nähe stehen lassen. Wichtig ist, dass das Glas dicht ist, damit der Duft nicht nach außen dringt.

3

Fehlerquellen

Wenn dein Hund Angst- oder Aggressionsverhalten zeigt, ist ein Entspannungssignal eine große Hilfe, weil es ihn ansprechbar machen kann. Gleichzeitig hat es einen sehr wertvollen Effekt, weil dein Hund die Erfahrung macht, die angst- oder aggressionsauslösende Situation mit sinkender Erregung, vielleicht sogar mit Entspannung zu verknüpfen. Sobald dein Hund ansprechbar ist, kannst du ihm zeigen, dass eine andere Verhaltensstrategie in solchen Situationen möglich ist. Dein Hund hat die Chance, umzulernen und neue Strategien bei Angst und Aggression zu finden. Damit das klappt, solltest du das Entspannungssignal nach meiner Anleitung aufbauen und auf die folgenden Fehlerquellen achten.

Du hast zu hohe Erwartungen.

Ein Entspannungssignal ist immer nur ein Türöffner: Dein Hund wird ansprechbar. Für drei Sekunden sinkt seine Erregung. In dieser Zeit solltest du von deinem Hund ein anderes Verhalten abfragen, damit seine Erregung nicht wieder ansteigt. Eine andere Möglichkeit ist, deinem Hund innerhalb dieser Zeit ein anderes Verhalten zu ermöglichen. Ich nutze in so einem Fall oft eine Futtersuche, da meine Hunde diese fast immer mögen. Ich streue dazu einfach ein paar kleinere Leckerlis aufden Boden und lasse sie suchen. Das können meine Hunde in nahezu jeder Situation.
Es hilft ihnen auch dabei, schwierige Situation positiver zu verknüpfen.

Dein Hund ist berührungsempfindlich.

Bei Entspannung denken wir immer an einen Hund, der in unseren Armen einschläft und sich sofort fallen lässt, sobald wir ihn berühren. Es kann aber sein, dass dein Hund Anfassen unangenehm findet und alles andere als gelassen ist. Wenn das so ist, dann bau das Entspannungssignal ohne aktive Berührungen von deiner Seite auf.

Du vergisst das Aufladen.

Du nutzt dein Entspannungssignal und vergisst, es zu Hause wieder mit Entspannung zu verknüpfen. Dein Hund lernt immer und verknüpft das Entspannungssignal bei der Anwendung mit hoher Erregung. Deshalb musst du es immer wieder aufladen.

Impulskontrolle stärken

Ein Hund, der dich anschaut, anstatt zu bellen – das wäre schön, oder? Eine bessere Impulskontrolle kann das ermöglichen.

Alle unsere Kund*innen, die in unser persönliches Kompakttraining kommen, haben ein Ziel: Der Hund braucht eine bessere Impulskontrolle. Nur formulieren sie es anders. Sie wollen, dass ihr Hund bei Hundebegegnungen an lockerer Leine mit ihnen weitergeht, anstatt in die Leine zu springen und zu bellen. Sie wollen, dass sich ihr Hund beim Spielen mit einem anderen Hund abrufen lässt, anstatt sie zu ignorieren. Sie wollen, dass ihr Hund zu ihnen kommt, wenn er Angst vor einem Menschen hat, anstatt zu flüchten oder den Menschen anzuknurren. Für all das braucht der Hund eine bessere Impulskontrolle. Impulskontrolle wird oft mit Begriffen wie Selbstkontrolle oder Selbstbeherrschung gleichgesetzt. Sie beschreibt die bewusste Kontrolle über Emotionen und die eigenen Handlungen. Damit dein Hund an lockerer Leine an einem anderen Hund vorbeilaufen kann, braucht er Impulskontrolle – vor allem wenn er den anderen Hund sehr interessant oder auch sehr abstoßend findet.

Zur Impulskontrollfähigkeit gehört außerdem, dass ein Verhalten beendet werden kann, um ein anderes Verhalten zu zeigen. Ich muss die Musik ausschalten, um weiter an diesem Buch zu schreiben. Da ich gerade lieber Musik hören würde, brauche ich dafür Impulskontrolle. Wenn du deinen Hund aus dem Spiel mit einem anderen Hund abrufen möchtest, dann braucht dein Hund in diesem Moment ebenfalls Impulskontrolle. Allerdings reicht es nicht, nur allgemein an seiner Impulskontrolle zu arbeiten.

DAS MÄRCHEN ÜBER IMPULSKONTROLLE

Online findest du viele Übungen, um die Impulskontrolle des Hundes zu verbessern. Bei den meisten dieser Übungen muss der Hund warten, während Futter um ihn herum verteilt wird. Irgendwann darf er es dann auf Kommando fressen – und voilà! Die Impulskontrolle ist besser, aber nur in diesem Moment, denn die Fähigkeit zur Impulskontrolle kann dein Hund nicht generalisieren. Auch wenn dein Hund zehn Minuten vor dem gefüllten Futternapf wartet, wird er das nicht zwangsläufig bei einem sitzenden Kaninchen können. Wenn er ein sitzendes Kaninchen vor sich hat und trotzdem stehen bleiben soll, dann musst du an einem sitzenden Kaninchen trainieren. Oder wenn er stehen

bleiben soll, wenn ein Kaninchen vor ihm wegläuft, dann musst du an einem weglaufenden Kaninchen trainieren.
Hat dein Hund in einer Situation gelernt, zu warten und sich zurückzuhalten, kann er das nicht zwangsläufig in einer anderen Situation. Impulskontrolle solltest du in genau den Situationen trainieren, in denen dein Hund darin besser werden soll. Ich möchte diese klassischen Warteübungen zur Impulskontrolle nicht verteufeln. Sie können dir definitiv dabei helfen, dein Timing und deine Beobachtungsgabe im Training zu verbessern. Du kannst damit gezielt trainieren, wenn du möchtest, dass dein Hund vor dem Futternapf warten kann. Es stört mich nur, dass damit viel wertvolle Trainingszeit vergeudet wird. Außerdem bringen diese klassischen Übungen einige Nachteile mit sich.

Impulskontrolle kostet deinen Hund etwas.
Immer wenn dein Hund Impulskontrolle gezeigt hat, verschlechtert sich sofort seine Fähigkeit zur Impulskontrolle. Dies gilt nur für einen gewissen Zeitraum. Muss dein Hund fünf Minuten vor seinem gefüllten Napf warten und das Futter darin anstarren, kostet ihn das Impulskontrolle – vorausgesetzt, er will lieber fressen, anstatt zu warten. Wenn direkt danach Besuch kommt und dein Hund diesen zur Begrüßung gern anspringt, dann wird es ihm schwerfallen, alle vier Pfoten auf dem Boden zu lassen. Seine Fähigkeit zur Impulskontrolle wird in der Situation mit dem Besuch schlechter sein. Ob sie noch dafür ausreicht, dass dein Hund sich hinsetzt, anstatt hochzuspringen, weißt du vorher nicht. Durch Untersuchungen am Menschen wissen wir, dass ausgeübte Impulskontrolle nicht leicht ist. Hat ein Mensch Impulskontrolle gezeigt, beeinflusst das sein nachfolgendes Verhalten. Die Konzentrationsfähigkeit leidet, und das Gedächtnis arbeitet nicht mehr auf Höchstleistung. Die Ausdauer beim Lösen schwieriger und frustrierender Aufgaben wird geringer, und Menschen reagieren dann aggressiver auf Provokationen. Bei Hunden sieht das sehr wahrscheinlich ähnlich aus. Bitte denk bei der nächsten Impulskontrollübung daran, dass dein Hund danach nicht sofort wieder im gleichen Maß Impulskontrolle aufbringen kann.

Wenn dein Hund vor dem Futternapf warten kann, dann schafft er das nicht automatisch auch bei einem Kaninchen.

STRESS MINDERT DIE IMPULSKONTROLLE BEI DEINEM HUND

Damit dein Hund überhaupt Impulskontrolle aufbringen kann, braucht er einen ganz bestimmten Teil in seinem Gehirn – den präfrontalen Kortex. Im Gehirn sorgt dieser u. a. dafür, dass der Hund ein Verhalten anpassen kann und damit vor allem Emotionen regulieren kann. So wird ein Alternativverhalten überhaupt erst möglich. Dank dem präfrontalen Kortex kann dein Hund sich hinsetzen und warten, anstatt in die Leine zu springen und zu bellen. Dieser Gehirnbereich ist sehr empfindlich und seine volle Leistungsfähigkeit hängt vom Alter und vom Stresslevel deines Hundes ab. Jungen Hunden fällt es z. B. schwerer, Impulskontrolle zu zeigen, da die volle Funktionsfähigkeit des präfrontalen Kortex erst ab Ende der Jugendentwicklung erreicht ist. Deshalb brauchen Hunde während dieser Zeit einen Menschen an ihrer Seite, der das weiß und sie unterstützt. Wie lange die Jugendentwicklung dauert, ist individuell und hängt vor allem von der Größe des Hundes ab. Bei großen Rassen kann sie bis zum dritten oder vierten Lebensjahr dauern.

Beim Menschen reagiert der präfrontale Kortex empfindlich auf das Stresshormon Cortisol. Sobald dieses Hormon ansteigt, verringert sich unsere Leistungsfähigkeit. Emotionale Reaktionen können wir dann nicht mehr so gut hemmen. Impulsive Reaktionen werden somit wahrscheinlicher. Wusstest du, dass wir Menschen den am besten entwickelten präfrontalen Kortex aller Säugetiere haben? Und trotzdem schafft es nicht jeder Mensch, nur ein kleines Stück Schokolade zu essen oder nur eine Folge der neuen Staffel „Stranger Things" auf Netflix zu schauen. Der präfrontale Kortex trägt einen sehr großen Teil zu unseren menschlichen Fähigkeiten bei. Der präfrontale Kortex deines Hundes kann nicht so viel leisten wie deiner, allerdings reagiert er auch empfindlich auf das Stresshormon Cortisol. Deshalb wird es deinem Hund schwerfallen, ein Signal wie „Sitz" auszuführen, wenn er gerade große Angst vor einem Feuerwerk hat. Vielleicht solltest du dir in so einem Moment die klassische Impulskontrollübung lieber sparen. Am einfachsten ist die Impulskontrolle für deinen Hund, wenn er ausgeschlafen und entspannt ist.

DIE IMPULSKONTROLLE SOFORT VERBESSERN

Es gibt zwar keine Universalübung, um die Impulskontrolle deines Hundes sofort zu verbessern, aber es gibt eine Möglichkeit, um genau das zu erreichen. Spare Impulskontrolle bei deinem Hund an Stellen, wo du sie nicht brauchst. Ist es dir eigentlich vollkommen gleichgültig, dass dein Hund vor dem Futternapf wartet? Machst du es nur, weil du es im Internet gelesen hast? Bist du nicht wirklich überzeugt? Dann lass es einfach weg.

Wenn dein Hund Impulskontrolle aufbringen muss, hat er danach weniger zur Verfügung. Deshalb ist es wichtig zu überprüfen, wo dein Hund Impulskontrolle zeigen muss und ob du etwas daran ändern kannst.

Dafür musst du zuerst dein Training und deinen Umgang überprüfen: Wo verbraucht dein Hund Impulskontrolle? Gibt es Punkte in eurem Alltag, an denen du etwas verändern kannst? Sobald du diese Fragen beantwortet hast, kannst du die Impulskontrolle gezielt trainieren. Du weißt dann, wo dein Hund überhaupt Unterstützung braucht.

Etwas mehr Distanz sorgt dafür, dass es für deinen Hund einfacher wird.

IMPULSKONTROLLE TRAINIEREN

Du kannst für jedes beliebige Verhalten die Impulskontrollfähigkeit deines Hundes ausbauen. Dein Hund kann diese Fähigkeit aber nicht auf andere Situationen übertragen. Deshalb musst du in jeder Situation trainieren, in der du die Impulskontrolle deines Hundes verbessern möchtest. Vielleicht behauptest du jetzt voreilig, dass sich die Impulskontrolle bei deinem Hund grundsätzlich verbessert hat und nicht nur in der Situation, in der ihr daran trainiert habt.
Bitte erinnere dich an den Theorieteil, in dem es um die Aspekte ging, die die Entstehung von Verhalten beeinflussen. Jede Situation im Alltag, die dein Hund entspannter meistern kann und in der du zufrieden mit ihm bist, wird dafür sorgen, dass er auch in anderen Situationen besser reagiert. Muss dein Hund dank Training sogar weniger Impulskontrolle aufbringen und stresst ihn eine Situation nicht mehr, wirkt sich das grundsätzlich vorteilhaft auf seine Impulskontrollfähigkeit aus. Ein weiterer Vorteil des Markertrainings ist, dass du bei deinem Hund keinen Stress auslöst und auf sein gutes Verhalten achtest. Damit kannst du die Impulskontrolle deutlich verbessern. Bevor du mit dem Training startest, solltest du dich fragen, in welchen Situationen du die Impulskontrollfähigkeit deines Hundes verbessern möchtest und was dein Hund in diesen Situationen genau tun soll.

Bessere Impulskontrolle in Hundebegegnungen

Wenn dein Hund immer zu anderen Hunden laufen will oder in die Leine springt und bellt, sobald er sie sieht, wünschst du dir von ihm sicher eine bessere Selbstkontrolle. Dabei sollte dir eines klar sein: Dein Hund kann selbst mit der besten Impulskontrolle nicht einfach alles aushalten. Das sollte auch nicht dein Ziel sein. Achte auf die Bedürfnisse deines Hundes und gleichzeitig auf seine Tagesform. Das wird dich im Training schneller voranbringen, weil du Misserfolge vermeidest und deinen Hund keinem unnötigen Stress aussetzt.

Wenn du dir wünschst, dass dein Hund sich abwenden oder warten kann, sobald andere Hunde auftauchen, solltest du genau dieses Verhalten verstärken. Schaut dein Hund einen anderen Hund an und ist dabei noch entspannt, dann kannst du dieses Verhalten markieren und belohnen. Dadurch wird sich dein Hund auch schneller vom anderen Hund abwenden können. Entscheidet dein Hund sich dafür, dich anzusehen oder mit dir weiterzugehen, kannst du auch das belohnen. Sollte dein Hund sich nicht abwenden können oder in die Leine springen, nutze das Entspannungssignal, UO-Signal oder deinen Rückruf.

Du solltest immer einschätzen können, was für deinen Hund bei einer Hundesichtung oder Begegnung überhaupt möglich ist. Nicht jede Hundebegegnung ist gleich. Dadurch kannst du das Training auf einer Ablenkungsstufe anpassen, die für deinen Hund machbar ist.

Durch das Training mit einem Markersignal und Belohnungen sorgst du außerdem für gute Erfahrungen bei Hundebegegnungen. Dadurch können auf emotionaler Ebene Angst und Aggression bei deinem Hund schwächer werden. Vielleicht weichen sie irgendwann sogar Neugier. Wichtig dabei ist, dass du deinem Hund auf der Verhaltensebene immer zeigst, dass er für ihn schwierige Situationen auch verlassen kann. Achte deshalb auf seine Körpersprache, und erkenne, wann dein Hund Kontakt zu einem anderen Hund möchte und wann nicht. So kannst du für ihn auch im Alltag positive Begegnungen schaffen, in denen er sich sicher fühlt.

Impulskontrolle ist eine endliche Ressource im Gehirn. Übertreibe es nicht damit, denn du provozierst damit unerwünschtes Verhalten.

1

1. Um nicht sofort fremde Hunde zu begrüßen, braucht es Impulskontrolle.

2. Stehen statt Hetzen ist im jagdlichen Kontext immer eine gute Idee.

3. Auch im Alltag braucht dein Hund ständig Impulskontrolle.

Bessere Impulskontrolle bei Wildsichtung

Wenn du dir wünschst, dass dein Hund stehen bleibt oder sich von Wild abwendet, dann solltest du dieses Verhalten bei ihm verstärken. Dazu musst du in der Lage sein zu erkennen, wann dein Hund Wild wahrnimmt und stehen bleibt, anstatt zu hetzen, oder wann er sich von Wild abwendet. Wenn mein Hund am Waldrand steht und für mehr als zwei Sekunden ins Unterholz schaut, ist das für mich der perfekte Zeitpunkt, um dieses Verhalten zu belohnen. Meine beiden Hunde reagieren stark auf Bewegungsreize und auch auf Wild. Deshalb ist es wichtig, dass sie länger stehen bleiben und nur schauen, anstatt zu hetzen. Da ich aber früher das Wild nur selten vor ihnen gesehen habe und auch nie riechen konnte, habe ich es immer mit dem Markersignal eingefangen und belohnt, wenn sie nur in den Wald schauten. Mittlerweile sind beide über zehn Jahre alt, und erst heute saß ein Fuchs auf dem Weg, den ich lange vor den Hunden gesehen habe. Beide Hunde waren an der Leine und fanden nur den Geruch des Fuchses spannend. Als sie sich schließlich von allein abgewandt haben, um mit mir weiterzugehen, habe ich diese Entscheidung markiert und belohnt. Der Geruch ist für sie nämlich immer noch eine sehr interessante Ablenkung. Diese Trainingsart hat dazu geführt, dass sich meine Hunde freiwillig von der Ablenkung abwenden, da sie die Kooperation in Form des Markersignals erwarten.

Eine Schleppleine oder ein sicherer Rückruf sind dabei wichtig, da dein Hund keine anderen Tiere hetzen sollte.

ABLENKUNG LANGSAM STEIGERN

Wichtig ist, dass du das Training nicht bei den stärksten Ablenkungen beginnen darfst. Das fliehende Reh in zwei Meter Entfernung ist beispielsweise eine zu große Ablenkung.

Bessere Impulskontrolle an der Leine

Auch hier solltest du vorab klären, was dein Ziel ist. Soll dein Hund direkt neben dir oder an einer lockeren 3-Meter-Leine laufen? Darf er die Seiten wechseln, wie er mag? Meine Hunde sind hinsichtlich ihrer Leinenführigkeit sehr verschieden. Über Paco sage ich immer, dass er leinenführig geboren wurde. Er läuft einfach an jeder Leine gut – egal, ob kurze 2-Meter-Leine, Flexileine

2

3

oder 15-Meter-Schleppleine. Er orientiert sich dabei an mir, und die Leine ist nie auf Zug. Das war schon immer so. Ich markiere nur manchmal seine gute Leinenführigkeit und belohne sie, besonders bei Ablenkungen, die er interessant findet.

Ascii ist das genaue Gegenteil von Paco: egal, bei welcher Leine, Ascii war immer an ihrem Ende und zog kräftig. Mit 33 Kilogramm Gewicht funktionierte das für ihn recht gut. Er zog nicht, weil er irgendwohin wollte, sondern weil sein Lauftempo schneller ist als unseres. Er hat sehr lange Beine, einen weiten Schritt und liebt es, voranzustürmen. Leinenführigkeit bedeutete für Ascii deshalb viel Impulskontrolle. Er musste sein Tempo herunterfahren und sich an uns anpassen. Mittlerweile läuft er sehr gut an der Leine und ist mit über zehn Jahren nicht mehr so schnell unterwegs. Im Training an der Leinenführigkeit haben wir bei ihm jeden guten Moment mit dem Markersignal eingefangen und ihn belohnt. Es wurde immer markiert und belohnt, wenn er neben uns lief, locker an der Leine ging und uns folgte. Außerdem setzten wir oft eine längere Schleppleine ein, damit wir nicht immer an kurzer Leine trainieren mussten.

Zusätzlich machten wir beim Start des Spaziergangs das 10-Leckerli-Spiel, wodurch Ascii aufmerksamer wurde und besser an der Leine laufen konnte.

Belohne die lockere Leine und sorge damit für mehr Selbstkontrolle.

DAS IST FÜR DAS TRAINING WICHTIG

Wenn dein Hund Impulskontrolle zeigt und sich beispielsweise vom fremden Hund abwendet oder stehen bleibt, obwohl das Reh rennt, muss sich das für ihn lohnen. Die Belohnung sollte zur Motivation deines Hundes passen, damit du seine Impulskontrollfähigkeit in der jeweiligen Situation verstärkst. Im besten Fall bekommt der Hund das, was er wollte, während er Impulskontrolle gezeigt hat. Das ist leider nicht immer möglich, deshalb darfst du kreativ sein und solltest einen Ersatz finden. Kegeln oder ein Lauerspiel wären für meine Hunde an dieser Stelle eine gute Belohnung.

Damit du die Impulskontrollfähigkeit wirklich verbesserst, braucht dein Hund die Information, welche Verhaltensweise sich für ihn lohnt. Deshalb solltest du wissen, was du willst. Meist wissen wir Menschen aber vor allem, was wir nicht wollen. Mit deinem Markersignal kannst du das Verhalten einfangen und belohnen, das du bei deinem Hund in diesen Situationen vermehrt sehen möchtest. Außerdem kannst du Entscheidungen belohnen,

1

2

die dein Hund trifft und die er öfter treffen sollte. Sieht mein Hund Paco die Nachbarskatze und bleibt stehen, finde ich das großartig. Da die Nachbarskatze ihn immer wieder von draußen durch die Terrassentür anstarrt und so verängstigt, hasst er sie besonders. Außerhalb der Wohnung würde er sie aber gern verfolgen, zumindest solange sie wegrennt. Daher belohne ich es immer, wenn er sich lieber entscheidet, stehen zu bleiben, mich anzuschauen, neben mir weiterzugehen oder Ähnliches.
Fällt es deinem Hund schwer, Impulskontrolle zu zeigen, kannst du die Wartezeit auch mit kleinen Belohnungen zwischendurch überbrücken. Unsere Nachbarskatze läuft nicht immer sofort vor uns weg. Manchmal bleibt sie einfach liegen oder kommt sogar auf uns zu, bevor sie dann verschwindet. Paco ist nicht jeden Tag gleich fit, was die Impulskontrolle an dieser Katze angeht. Wenn ich merke, dass er Mühe hat, ruhig hinzuschauen oder neben mir weiterzulaufen, gibt es währenddessen immer wieder das Markersignal und eine Belohnung.

VERSCHIEDENE BELOHNUNGEN

Durch den Einsatz verschiedener Belohnungen mit einer unterschiedlichen Wertigkeit kannst du die Impulskontrolle und auch die Frustrationstoleranz deines Hundes immer weiter ausbauen. Du belohnst jedes Verhalten, das du bei deinem Hund gut und wichtig findest, aber du setzt nach deinem Markersignal verschiedene Belohnungen ein. Von einem Lächeln über stimmliches Lob bis zu Futter, Spiel und Dingen, die dein Hund in der Umwelt tun kann, kann alles dabei sein.

VERMEIDE STRAFE

Theoretisch kannst du deinen Hund davon abhalten, zu jagen oder an der Leine zu ziehen, indem du eine ängstigende Strafe einsetzt. Die Nebenwirkung davon ist Stress, was die Fähigkeit zur Impulskontrolle reduziert. Du hemmst das Verhalten deines Hundes, sorgst aber gleichzeitig dafür, dass sein präfrontaler Kortex nicht mehr seine volle Leistung bringt. Neben vielen anderen möglichen Nebenwirkungen ist das eine schlechte Trainingsgrundlage.

1. Impulskontrolle sollte sich für deinen Hund immer lohnen!

2. Um Impulskontrolle zeigen zu können, darf dein Hund nicht gestresst sein.

VORURTEILE ÜBER MARKERTRAINING

Diese Vorurteile könnten dir begegnen

Im letzten Teil dieses Buches gehe ich auf die Vorurteile gegenüber Training mit Markersignalen ein und überprüfe jedes Vorurteil auf seinen Wahrheitsgehalt.

TRAINING MIT MARKERSIGNALEN SETZT KEINE GRENZEN.

„Keine Grenzen“ – das klingt theoretisch gut. In der Praxis habe ich aber noch nie erlebt, dass das überhaupt möglich ist, z. B. im Straßenverkehr: Bevor mein Hund von einem Auto überfahren wird, leine ich ihn besser an.
Grundsätzlich haben alle Vorurteile gegenüber Markertraining ein Problem: Sie sind unkonkret, und es ist nicht immer klar, was die Person im jeweiligen Fall unter Grenzen versteht. Es lohnt sich also, nachzufragen.

Grenzen schaffen einen Rahmen für deinen Hund – und auch für dich. Du darfst entscheiden, wie weit du diesen Rahmen steckst, erhältst und wie du die freie Fläche im Rahmen ausfüllst. Wenn du beispielsweise ein kleines Kind zu Hause hast, wäre es am besten, wenn dein großer Hund es nicht anspringen würde. Dein Kind könnte sonst öfter umfallen und sich schlimmstenfalls verletzen. Du darfst entscheiden, wie du deinem Hund beibringst, vor dem Kind stehen zu bleiben. Du solltest nur immer überlegen, welche Langzeitfolgen das Training auf die Emotionen deines Hundes hat.

„Was? Der Hund spielt mit einem Kissen?“ Für mich ist das in Ordnung.

Mit einem Markersignal kannst du deinem Hund zeigen, was sich für ihn lohnt.

TRAINING MIT MARKERSIGNALEN IST ANTIAUTORITÄR.

Markertraining als antiautoritär zu bezeichnen, ist schwierig, da sich der Umgang mit Menschen nicht direkt auf die Lebensbedingungen von Hunden übertragen lässt.

Eine antiautoritäre Erziehung lehnt Zwänge ab und stellt die Selbstentfaltung des Individuums in den Vordergrund – zumindest vereinfacht gesagt. Ich möchte meinen Hund zu nichts zwingen, dennoch gibt es Situationen, die sich nicht vermeiden lassen. Wenn mein Hund Paco beispielsweise Angst vor Gewitter hat, dann kann ich mich nicht auf einem Spaziergang schnell wegbeamen und das Gewitter umgehen. Oder wenn dein Hund ins Ende der Leine rennt und sich dabei verletzt, kannst du zwar versuchen, beim nächsten Mal besser aufzupassen, aber du wirst es nicht immer schaffen. Es gibt Dinge, auf die du keinen oder nur wenig Einfluss hast. Was du aber immer beeinflussen kannst, sind dein Verhalten und deine bewussten Entscheidungen – vor allem im Umgang mit deinem Hund. Da du die Verantwortung für das Verhalten deines Hundes trägst, musst du dafür sorgen, dass er sich gefahrlos in seiner Umwelt bewegen kann. Dafür brauchst du eine Leine, die dein Hund sicher ablehnen würde, wenn er könnte. Aber den Trick kennst du sicher schon.

DER HUND MUSS LERNEN, WAS RICHTIG UND FALSCH IST.

Du weißt sicher genau, was richtig und falsch ist. Du orientierst dich dabei an deinen eigenen Werten, deiner Moral, deiner Erfahrung und an den geltenden Gesetzen. Außer Lernerfahrungen kennen Hunde nichts davon und werden darüber nicht reflektieren können.

Dein Hund versucht, seine Bedürfnisse zu befriedigen. Dabei lernt er, was sich für ihn lohnt und was nicht. Er lernt, wann, wo und wie er seinen Bedürfnissen am besten nachkommt und wo es für ihn unangenehm wird. In diesem Rahmen wird er sich verhalten. Vielleicht glaubst du, dein Hund weiß, es sei falsch, aufs Sofa zu springen und dort zu liegen. Dabei hat er nur gelernt, dass es für ihn ungemütlich wird, wenn er in deiner Gegenwart aufs Sofa springt. Durch Training im Alltag kannst du deinem Hund immer zeigen, welches Verhalten du gut findest und wovon du mehr sehen willst. Das ist sogar sehr wichtig. Nur darfst du nicht erwarten, dass dein Hund sich darüber bewusst ist. Im Zusammenleben mit deinem Hund gibt es kein Richtig und kein Falsch. Manche Hunde dürfen auf das Sofa oder ins Bett, andere nicht. Frage dich, was deine Wünsche und Ziele im Leben mit deinem Hund sind. Aber erwarte nicht von ihm, dass er etwas automatisch kann, weil er es wissen müsste.

1. Belohnen ist mehr als nur Füttern. Probiere verschiedene Belohnungen aus.

2. Was dein Hund heute ...

HUNDE UNTEREINANDER MACHEN DAS SO NICHT.

Vielleicht liegt es an meiner wertschätzenden Perspektive oder an meinem effektiven Training mit Markersignalen, aber die Hunde, die ich kenne, sind nett zueinander und versuchen, Auseinandersetzungen zu vermeiden.
Natürlich nutzen sie keine Markersignale, aber sie sind eben Hunde. Sie können nicht auf einer Meta-Ebene reflektieren, welche Trainingsmethoden es gibt und wie sich diese auf Säugetiere auswirken. Sie nutzen untereinander ihre Möglichkeiten der Kommunikation, um zu signalisieren, was sie mögen und was nicht. Sie sprechen die gleiche Sprache. Da ich aber nicht die gleiche Sprache spreche wie mein Hund, nutze ich andere Möglichkeiten, um mit ihm zu kommunizieren. Die meisten unserer Kund*innen kommen zu uns ins Training, weil ihre Hunde Schwierigkeiten bei Hundebegegnungen haben und im Kontakt mit anderen Hunden über das Ziel hinausschießen – und auch wir Menschen stoßen in der Kommunikation mit anderen Menschen oft an Grenzen. Deshalb nutze deine Möglichkeiten und versuche, kein Hund zu werden.

MEIN HUND WILL/MAG ABER KEIN FUTTER.

Wenn das der Fall ist, solltest du nach dem positiven Markersignal kein Futter als Belohnung geben.
Es gibt weitaus mehr Möglichkeiten als Futterbelohnungen. Bevor du jetzt zu kreativen Höchstleistungen aufläufst, halte kurz inne und frag dich, ob dein Hund generell schlecht frisst oder ob er nur in bestimmten Situationen keine Futterbelohnung will. Wenn dein Hund grundsätzlich schlecht frisst, solltest du gesundheitliche Ursachen ausschließen lassen. Frisst er gut und nimmt nur zeitweise kein Futter, kann Stress die Ursache dafür sein. Dir vergeht vielleicht auch der Appetit, wenn du unter Stress stehst. In diesem Fall solltest du dich damit auseinandersetzen, was deinen Hund stresst und wie er besser damit umgehen kann.

DU BESTICHST DEINEN HUND DOCH NUR.

Du hast dieses Buch hoffentlich komplett bis zu dieser Stelle gelesen. Wenn ja, weißt du, dass die Belohnung erst nach dem positiven Markersignal erfolgt. Sie wird nicht in der Hand versteckt,

…genial findet, ist morgen vielleicht langweilig.

sondern erst danach aus der Tasche geholt und angeboten. Deshalb hole ich die Belohnung nicht aus der Tasche, zeige sie meinem Hund und frage dann ein Signal wie „Sitz" ab, sondern ich frage das Kommando oder Signal ab und warte auf die Reaktion meines Hundes. Wenn diese Reaktion passt und ich das Verhalten des Hundes belohnen will, gebe ich das Markersignal und hole erst danach die Belohnung heraus. Bestechung wäre es, wenn die Belohnung schon zu sehen wäre, bevor der Hund das passende Verhalten zeigt. Wenn du nach dem Markersignal im Alltag verschiedene Belohnungen nutzt, wird dein Hund auch das gewünschte Verhalten zeigen, wenn du keine Futtertasche dabeihast. Mir passiert es immer wieder, dass ich die Leckerlis vergesse, und die Hunde reagieren trotzdem auf meine Signale.

OHNE FUTTER WÜRDE DEIN HUND DAS NICHT MACHEN.

Natürlich ist die Vorstellung schön, dass der Hund alles für uns tut. Nur weißt du, dass dein Hund Bedürfnisse hat, die nichts mit dir zu tun haben. Deshalb erkenne sie am besten an. Wenn ich die Bedürfnisse meines Hundes im Umgang und Training mit ihm befriedigen kann, tue ich das sehr gern. Hat dein Hund Spaß am Training mit dir, wird er auch ohne Futter mitarbeiten, eben weil es ihm Spaß macht. Für viele Hunde gehört Futter aber dazu – und wir Menschen füttern unsere Tiere gern.
Für einige Hunde ist Futter nicht die ultimative Belohnung. Du solltest immer die individuellen Vorlieben deines Hundes und sein aktuelles Bedürfnis anschauen.
Beim Markertraining geht es also nicht vorrangig um Futter, sondern um das Anwenden passender Belohnungen, die dein Hund mag.

DU BELOHNST DEINEN HUND FÜR KNURREN ODER AGGRESSIVES VERHALTEN.

Knurren ist sinnvoll, denn es ist für deinen Hund eine Form der Kommunikation. Ohne Knurren wäre es für andere Lebewesen schwer zu erkennen, dass sie Distanz zu ihm halten sollen.
Viele Menschen denken aber, dass es eine Belohnung wäre, wenn der Hund in diesem Moment sein positives Markersignal hört und ein Leckerli bekommt. Hast du schon einen gefährlichen Hund kennengelernt, der mit positivem Markersignal und Hundekeksen zur Kampfmaschine wurde? Ich nicht, und das ist auch nicht möglich. Ein positives Markersignal und Hundekekse erzeugen positive Emotionen. Negative Emotionen wie Wut oder Angst werden sie nicht auslösen und auch nicht verschlimmern. Auf der Verhaltensebene wiederum lernt der Hund nur, dass sich Knurren oder Beißen lohnen, wenn er durch dieses Verhalten eine Bedrohung auf Abstand halten kann. Ein positives Markersignal und Hundekekse machen deinen Hund nicht aggressiver. Wenn ein Hund knurrt oder bellt, nutze ich das Markersignal nur in Notfällen. Meistens kommt es gar nicht dazu, weil ich nicht darauf warte, dass der Hund so weit geht. Ich biete dem Hund vorher eine Alternative an oder nutze Management, damit der Hund gar nicht erst ein Verhalten zeigt, das ich nicht möchte. Suche dir auf jeden Fall Unterstützung durch erfahrene und gute Hundetrainer*innen, wenn du an der Aggression deines Hundes arbeiten willst. Fühlt sich dein Hund wohl, wird er nicht knurren.

DU VERSTÄRKST SEINE ANGST, WENN DU IHN JETZT BELOHNST.

Hier haben wir den gleichen Fall wie im gerade beschriebenen Vorurteil. Wenn du bei deinem Hund eine positive Emotion auslöst, wird er nicht verängstigter sein als vorher. Ein positives Markersignal und ein Leckerli ängstigen deinen Hund nicht, außer du schreist ihm das Markersignal ins Ohr und stopfst ihm das Leckerli mit Zwang ins Maul. Hat dein Hund Angst, solltest du ihn unterstützen und etwas tun, was er angenehm findet. Das ist von Hund zu Hund verschieden, deshalb kann ich dir nicht „die eine Methode" nennen, die deinem Hund in einer Angstsituation hilft. Besonders für Hunde, die in bestimmten Situationen Angstreaktionen zeigen, bringt das Markertraining große Vorteile mit sich. Wenn dein Hund sich z. B. bei einem lauten Geräusch erschreckt und zusammenzuckt, kannst du mit deinem Markersignal eine positive Emotion auslösen und ihn dafür belohnen, dass er bei dir geblieben ist. So verknüpfst du gleichzeitig die furchterregende Situation mit positiven Emotionen, was sie beim nächsten Mal gleich weniger schlimm macht.
Wenn du mit positiven Markersignalen an den Ängsten deines Hundes arbeiten willst, dann such dir auch dabei Unterstützung.

CLICKERTRAINING IST NUR FÜR TRICKTRAINING GUT.

Der Einsatz von Markersignalen ist so beliebt für den Aufbau von Tricks, weil sie die Möglichkeit bieten, punktgenau das Verhalten zu belohnen, das dein Hund zeigen soll. Genau deshalb nutze ich Markersignale auch, um punktgenau zu belohnen, wenn die Hunde gute Entscheidungen treffen.
Es wäre also schade, wenn du ein Markersignal nur für den Aufbau von Tricks benutzt, denn es bietet dir so viele Möglichkeiten. Wenn du mit deinem Hund Tricks aufbaust, lernt er, verschiedene Bewegungen und Verhalten auf Signal zu zeigen. Das Signal kann beispielsweise der Waldrand sein, und das Verhalten des Hundes lautet „Stehen bleiben", sobald er den Waldrand sieht. Das wäre ein praktischer Trick.

DU REICHST NICHT AUS, UND DEIN HUND BRAUCHT ZUSÄTZLICH KEKSE UND SPIELZEUG.

Hunde haben weitaus mehr Bedürfnisse als nur Kontakt zu ihrer Bezugsperson. Diese sollten erfüllt werden. Es spricht nichts dagegen, das im Training zu nutzen. Ich bin für meinen Hund der Hauptgewinn, weil ich seine Bedürfnisse wahrnehme und ihm viele schöne Momente in unserem gemeinsamen Leben schaffe.

EINE GUTE BINDUNG REICHT AUS, DAMIT DAS TRAINING FUNKTIONIERT.

Nur weil dein Hund eine Bindung zu dir aufgebaut hat, wird er nicht auf den Rückruf reagieren oder verstehen, was das Wort „Sitz" bedeutet. Damit hat Bindung nichts zu tun. Im Hundegehirn passiert nicht der Ablauf: „Weil ich meinen Menschen liebe, tue ich ihm den Gefallen und komme zurück." Genauso wenig bedeutet ein perfekter Rückruf, dass die Bindung gut ist. Dein Hund handelt entsprechend seinen Bedürfnissen. Wenn er oft zu anderen Hunden rennt und nicht auf deinen Rückruf reagiert, gibt dir das eine wichtige Information: Deinem Hund sind andere Hunde wichtig. Vielleicht findet er sie gut und möchte Kontakt aufnehmen, oder er kann

Nur weil dein Hund dich liebt, wird er nicht automatisch das Reh stehen lassen. Dafür braucht es ein Rückruf-Training.

sie nicht leiden und möchte sie vertreiben. In jedem Fall sind sie wichtig. Training kann nur funktionieren, wenn du diese Bedürfnisse wahrnimmst und mit ihnen statt gegen sie arbeitest.
Eine gute Bindung zu deinem Hund baust du dadurch auf, wenn du mit deinem Hund trainierst und dabei mit ihm Spaß hast, seine Bedürfnisse befriedigst und für ihn berechenbar bist. Dabei kann dich das Markersignal unterstützen.

DEIN HUND WIRD BELOHNT, AUCH WENN ER GERADE NICHTS MACHT.

Vielleicht verbellt dein Hund gerade nicht den fremden Hund am Zaun. Vielleicht springt er gerade nicht das Kind der Nachbarin an oder zerstört gerade nicht den Gartenschlauch. Ist er nicht brav? Das würde ich ihm jetzt gern mitteilen, denn ich wünsche mir, dass er öfter gerade „nichts" macht. Es ist alles immer eine Frage der Perspektive.
Wenn du es bis hier in diesem Buch geschafft hast, weißt du, warum es sich lohnt, sich auf das positive Verhalten deines Hundes zu konzentrieren und nicht darauf zu warten, dass er Mist baut. Du entscheidest, welchem Verhalten deines Hundes du mehr Aufmerksamkeit und Energie schenken willst. Wofür ich mich entscheide, weißt du bereits.

DU DRESSIERST DEINEN HUND NUR. DAS IST TIERQUÄLEREI.

Mit Markersignalen kannst du deinen Hund trainieren. Du kannst ihm Dinge beibringen, die euch beiden mehr Freiheit und Sicherheit geben. Laufen vor der Haustür viele Menschen, Hunde oder Katzen herum, ist es sinnvoll, wenn dein Hund lernen kann, vor der Tür zu sitzen, bis du dir einen Überblick verschafft hast. Hat er gelernt, dass sich das Warten lohnt, wird er es gern tun. Außerdem wird er lernen, dass er genau vor der Tür warten soll, weil du das mit deinem positiven Markersignal eingefangen und ihn dort belohnt hast.
Wenn du im scharfen Ton „Nein!" sagst, damit dein Hund nicht hinausstürzt, beginnt euer Spaziergang schon mit einer Menge Frust für euch beide. Vielleicht bekommt dein Hund sogar Angst vor dir. Du hast die Wahl, wie du mit deinem Hund umgehen möchtest. Ich entscheide mich für die Variante, bei der es meinem Hund gut geht und wir beide Freude haben.
Bestimmte Verhaltensweisen für den Alltag zu trainieren, ist nicht nur sinnvoll, sondern macht auch Spaß. Dennoch sollte das Leben deines Hundes nicht nur aus Training bestehen. Sorge für Pausen und dafür, dass dein Hund Hund sein darf.

Zum Schluss

Für mich ist Markertraining eine Lebenseinstellung geworden. Jeden Tag entscheide ich mich bewusst dafür, nicht darauf zu warten, was meine Hunde falsch machen. Ich möchte mich darauf konzentrieren, was sie gut können, und schon die Ansätze von tollen Entscheidungen erkennen.

Das fällt mir nicht jeden Tag leicht. Wenn ich schlechte Laune habe, dann erkenne ich schneller, was nicht gut läuft, und rege mich darüber auf. An diesen Tagen helfen mir das Markersignal, das Entspannungssignal und das UO-Signal meiner Hunde. Ich kann auf sie zurückgreifen und damit jede schwierige Situation meistern. Nebenbei bekomme ich auch wieder gute Laune, wenn ich das Markersignal nutze und meine Hunde belohne. Das zeigt mir jedes Mal aufs Neue, dass meine Perspektive und meine Stimmung einen sehr großen Einfluss auf mich haben – und dass ich die Chance habe, etwas für mich zu tun. Das finden meine Hunde Ascii und Paco super, denn mit schlechter Laune finden sie mich irgendwie gruselig.

Dank Markersignalen bin ich vor einigen Jahren auf das Thema Dankbarkeit gestoßen und habe mit meinem Team das Dog Journal, ein Dankbarkeitstagebuch für Hundehalter*innen, entwickelt. Jeden Tag widme ich fünf Minuten der Frage, wofür ich dankbar bin. Im Markertraining halte ich Ausschau nach dem tollen Verhalten. Du kannst dir auch da die Frage stellen, für welches Verhalten deines Hundes du dankbar bist. Im Markertraining erhält dein Hund dann sofort ein Feedback von dir in Form des Markersignals und einer Belohnung. In der Dankbarkeitspraxis hältst du einfach für dich fest und verschaffst dir für einen kurzen Moment das großartige Gefühl der Dankbarkeit.

»Dir ist der Weg des Lernens egal, weil nur das Ziel zählt? Der Weg ist mindestens so wichtig wie das Ziel, denn es ist der Lernprozess, der das Gehirn verändert!«

Dr. Ute Blaschke-Berthold

Ich liebe es, meine Hunde zu belohnen und ihnen auch einfach so eine Freude zu machen.

Für die Kund*innen von Dog It Right ist das Dog Journal ein fester Bestandteil des Trainings, denn es erleichtert ihnen den Perspektivwechsel.
Ein Kunde meinte vor ein paar Wochen zu meiner Trainerin Christin Lange, dass ihm das Dog Journal helfe, sich besser zu fühlen, und tolle Erlebnisse besser sichtbar mache. Wenn du es ab heute schaffst, nur fünf Minuten darüber nachzudenken, was dein Hund Tolles angestellt hat, und du ihn dafür belohnst, wird sich über die nächsten Wochen schon viel für dich ändern. Wenn du dabei auch noch die Kraft des Markertrainings für dich nutzt, wirst du noch enger mit deinem Hund zusammenwachsen.
Markertraining hat es mir möglich gemacht, meine Hunde zu unterstützen und mit ihnen zu trainieren, sodass wir ein entspanntes und tolles Leben zusammen führen können. Ein Leben, in dem die Bedürfnisse meiner Hunde Platz haben und sich beide Hunde gut in unser menschliches Umfeld integrieren. Und das, obwohl beide nicht den besten Start in ihr Leben hatten und beide nicht als Welpen zu uns kamen. Paco war 10 Monate alt und Ascii schon über 4 Jahre. Wenn du das auch für dich und deinen Hund ermöglichen willst, solltest du dich jetzt entscheiden, was du aus diesem Buch umsetzt und in euren Alltag integrierst. Damit das klappt und du motiviert dranbleibst, solltest du dir klarmachen: warum und auch wozu dir das wichtig ist. Die „Warum-Frage“ kennst du sicher, aber auch die „Wozu-Frage“ solltest du dir stellen. Denn damit schaust du in die Zukunft von dir und deinem Hund und fragst dich: Wie soll sich das Zusammenleben mit meinem Hund in den nächsten 365 Tagen verändern, und was bedeutet das für die Beziehung zu meinem Hund?
Wenn du jetzt für Markertraining bereit bist, dann wünsche ich deinem Hund/deinen Hunden und dir auf eurem Weg ganz viel Freude und Erfolg.

»Nicht am Ziel wird
der Mensch groß,
sondern auf
dem Weg dahin.«

Ralph Waldo Emerson

Für Paco

Im September 2009 war ich in Spanien und habe ein Tierheim unterstützt. Am 03.10.2009 nahm ich Paco mit nach Hause – einen ziemlich haarigen Hund, den in Spanien niemand adoptiert hätte. Sein Schwanz und seine Ohren waren kupiert und er war auf einem Auge blind. Er war noch nicht ganz ein Jahr alt. Ich dachte, ich wäre vorbereitet: „Einen Hund zu haben, das ist doch leicht.“ Doch Paco hatte große Angst – vor fast allen Geräuschen. Und jetzt sitze ich hier im Dezember 2019, die Fußbodenheizung wärmt meine Füße und ich schreibe die letzten Zeilen dieses Buches. Du hast hier viel von Paco gelesen, Fotos von ihm gesehen und du weißt, dass ich seinetwegen Trainerin für Menschen mit Hunden geworden bin. Nur ist Paco nicht mehr da.
Vier Wochen nach dem Fotoshooting für dieses Buch ging es ihm plötzlich schlecht – Niereninsuffizienz. Nach zwei Tagen in der Tierklinik waren seine Nierenwerte besser, aber leider hatte er schon Wassereinlagerungen in der Lunge.
Wir durften Paco aus der Tierklinik mit nach Hause nehmen und noch einmal 18 Stunden mit ihm verbringen. Am 27.09.2019 ist er friedlich auf seinem Lieblingsplatz auf der Couch eingeschlafen.

„Mit dem Buch hast du Paco ein Denkmal gesetzt.“, sagten meine Eltern unabhängig voneinander, als ich ihnen das Layout des Buches zeigte. Allerdings war mir das nicht klar, als ich im Januar 2019 mit dem Schreiben anfing.
Erst rückblickend stellte ich fest: Ich teile hier mit dir meine zehn gemeinsamen Jahre mit Paco, meinen Weg als Hundetrainerin und ich versichere dir, dass Paco jede Übung aus diesem Buch geliebt hat.

Paco, ich bin dankbar, dass ich dich im September 2009 kennenlernen und dir ein Zuhause geben konnte.

Wir vermissen dich!
01.01.2009 – 27.09.2019

Zum Weiterlesen aus dem Kosmos-Verlag

Anja Fiedler: **Jagdverhalten verstehen, kontrollieren, ausgleichen**

Sabine Winkler: **So lernt mein Hund.** Der Schlüssel für die erfolgreiche Erziehung und Ausbildung

Jean Donaldson: **Hunde sind anders ... Menschen auch.** So gelingt die problemlose Verständigung zwischen Mensch und Hund

Jean Donaldson: **Hunde sind anders.** Das Praxisbuch: Positive Bestärkung erfolgreich anwenden

Karen Pryor: **Positiv bestärken – sanft erziehen.** Der Klassiker zum Clicker-Training

Karen Pryor: **Die Seele der Tiere erreichen:** Erfolgreich kommunizieren mit positiver Bestärkung

Nützliche Adressen & Links

Dog It Right
Mertz-Von-Quirnheim-Straße 1f
14471 Potsdam

team@dogitright.de
www.dogitright.de
www.dog-journal.de
facebook.com/dogitright
instagram.com/dogitright

DANKE

Danksagungen sind ja immer so eine Sache. Ich nehme an, du liest sie, weil du neugierig bist – und das lohnt sich für dich, denn ich möchte mich zuerst bei dir bedanken.

- Deine Zeit ist wertvoll und ich freue mich, dass du sie diesem Buch gewidmet hast. Danke, dass du es (hoffentlich komplett) gelesen hast.
- Danke an alle Kund*innen von Dog It Right von 2011 bis heute. Ohne euch gäbe es Dog It Right nicht.
- Danke auch an alle, die uns online folgen, unseren Podcast hören, unsere Artikel teilen und uns weiterempfehlen. Das ist wirklich cool von euch.
- Danke an den Kosmos Verlag und insbesondere an Ute, mit der ich dieses Buch verwirklicht habe.
- Danke an Anna für die tollen Fotos, die hier im Buch zu sehen sind.
- Danke an Nina, die aus diesem Text ein fehlerfreies, schlüssiges und ausdrucksstarkes Exemplar gemacht hat. Dank dir gehört „redundant" jetzt zu meinem Wortschatz.
- Danke an Tine, die als Trainerin bei Dog It Right so viele Kund*innen und ihre Hunde glücklich macht. Der Austausch mit dir hat mir geholfen, dieses Buch zu schreiben.
- Danke an Jovana, die im Hintergrund jede E-Mail an Dog It Right beantwortet und Struktur hineinbringt. Danke, dass du an deinem ersten Tag gleich bereit warst, vor der Kamera zu stehen.
- Danke an Stefan und Ascii, neben denen ich jeden Morgen gern aufwache und die immer die besten Models für Fotos abgeben.
- Danke an meine Familie, die mich auf dem Weg zur Trainerin immer unterstützt hat.
- Im Folgenden möchte ich noch ein paar Menschen nennen, die mich persönlich oder Dog It Right in den letzten Jahren begleitet haben: Anne, Stefanie und Stefan, Josie, Jessica, Ben, Susan, Mirjam und Jule.

Register